辽宁省向应用型转变示范专业建设经费资助出版教材
大连海洋大学与中远海运客运有限公司联合编写教材

航海仪器实验

HANGHAI YIQI SHIYAN

任玉清　吕世勇　主编

中国农业出版社
北　京

内容简介

　　本书中的航海仪器属于广义的航海仪器，综合了航海技术专业人才培养方案中主要的航海仪器、设备以及模拟器的操作和实验内容，总结了作者十余年的实践教学经验，依据相关课程教学大纲以及《中华人民共和国海事局海船船员适任评估大纲和规范》编写完成。全书共分四章，内容包括航海仪器、船舶导航雷达、船舶避碰实验、电子海图显示与信息系统实验。本书是航海类高等院校航海技术本科、高职（专科）专业的教学用书和航运企业人员的技能培训用书，也可供其他从事航海技术的相关专业人员参考使用。

编 写 人 员

主　编　任玉清　吕世勇
副主编　张大恒　陆　栋
参　编　丁纪铭　张安然

前 言
FOREWORD

　　党的十八大报告提出，"提高海洋资源开发能力，坚决维护国家海洋权益，建设海洋强国"。在我国跃居为世界第二大经济体的背景下，建设海洋强国成为我国维护海洋权益的题中之义。随着国家海洋发展战略的不断深化，沿海经济建设和航运事业日益增进，港口及航道不断延伸拓展，为海洋经济发展提供了便利。随着信息技术、导航技术的不断进步，航海仪器向数字化、网络化、小型化发展，船舶安装了大量电子系统设备和信息服务系统，不仅能实现信息资源共享，也改变了传统的操作方式，从根本上减轻了船舶驾驶员的工作负担。但是任何仪器设备都有其缺点和局限性，船舶驾驶员不仅要熟练使用各种仪器设备，还要清楚每种航海仪器设备的特性以及组合应用的特点，为此，航海技术的发展对船舶驾驶员的业务素质也提出了更高的要求。

　　高等学校众多专业向应用型转变，是贯彻国家供给侧结构性改革战略的重要举措。航海技术专业属于典型的应用型专业，大连海洋大学的航海技术专业经过几十年的建设和发展，在落实国家和辽宁省提出的向应用型转变政策方面进行了有益的探索。为了进一步提高人才培养质量，完善产教融合和校企合作机制，增强航海类毕业生就业创业能力，适应现代航运业的发展需求，更好地服务辽宁经济社会发展和"航运强国"建设，大连海洋大学和中远海运客运有限公司联合编写了《航海仪器实验》一书。

　　本书由"辽宁省普通高等学校向应用型转变示范专业（航海技术专业）"和"2018年度辽宁省普通高等教育本科教学改革研究项目——基于国际公约标准的航海类转型发展示范性专业建设研究与实践"专项经费联合资助出版。书中内容紧扣《中华人民共和国海事局海船船员适任评估大纲和规范》中对相关评估项目所要求的知识点，结合海船船员的特点，以仪器设备的实践需求为出发点，围绕本科实验教学要求，在内容上具有较强的针对性和适用性。本书注重理论联系实际，重点突出海船船员适任评估和航海实践所需掌握的知识和技能，适用于航海类高等院校航海技术本科和高职（专科）专业的教学用书，也可供其他从事航海技术的有关人员参考使用。

　　本书中的航海仪器属于广义的航海仪器，主要包括陀螺罗经、磁罗经、测深仪、计程仪、船舶导航雷达、GPS卫星导航系统、北斗卫星导航系统、AIS自动识别系统、电子海图显示与信息系统等。本书依据"航海仪器""船舶导航雷达""船舶避碰"和"电子海图显示与信息系统"课程教学大纲及《中华人民共和国海事局海船船员适任评估大纲和规范》编写完成。本书分为航海仪器、船舶导航雷达、船舶避碰实验、电子海图显示与信息系统实验四部分。

本书的编写工作由任玉清、吕世勇、张大恒、陆栋、丁纪铭、张安然共同完成。其中：第一章第一节至第六节、第十一节和第十二节由张安然编写；第一章第七节至第十节、第二章第一节和第六节由张大恒编写；第二章第二节至第五节由陆栋编写；第三章由任玉清编写；第四章由丁纪铭编写。全书由任玉清、吕世勇完成统稿。

在本书编写过程中得到了大连海洋大学、中远海运客运有限公司有关专家的大力支持和帮助，同时还参考了集美大学、北斗星通、Sperry（美国）、JRC（日本）、Seatex（挪威）等公司的产品手册，在此一并表示感谢。由于编者水平有限，书中难免存在疏漏与不足之处，敬请读者及同行专家批评指正。

编　者
2020年5月

目 录
CONTENTS

第一章

航 海 仪 器

第一节 双转子系列罗经

一、双转子陀螺罗经的结构

安许茨系列陀螺罗经属于液浮支承的双转子摆式罗经，其灵敏部分为陀螺球，控制力矩利用降低球的重心的方法获得，阻尼力矩则由液体阻尼器产生。在结构上，双转子陀螺球、随动球、液体支承为该系列陀螺罗经的共同特点。下面以安许茨 4 型陀螺罗经为例：

在结构上可以将主罗经分成灵敏部分、随动部分和固定部分。

灵敏部分起找北指北作用，由陀螺仪及其控制设备和阻尼设备组成。安许茨 4 型陀螺罗经的灵敏部分是一个直径 252 mm、充有氢气的密封陀螺球。其内部装有两个相同的陀螺马达，用以产生合成动量矩进行找北指北。球的重心垂直下移了 8 mm 用以获得控制力矩，球内灯型支架上装有液体阻尼器，用以获得阻尼力矩。支架下方还装有电磁上托线圈，通电后产生电磁上托力辅助液体共同支承陀螺球，如图 1-1-1 所示。其外部球壳由上下半球组成，在顶部和底部以及球的赤道部分装有顶电极、底电极和赤道电极，用以给陀螺马达供电。在陀螺球赤道带上刻有航向刻度，可以从主罗经后部观察窗直接观测，如图 1-1-2 所示。

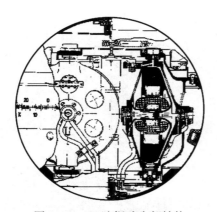

图 1-1-1　陀螺球内部结构

图 1-1-2　陀螺球外部

在船上为了消除附加的干扰力矩对灵敏部分的影响，在主罗经的结构中增设了随动部分。随动部分由随动球、蜘蛛架、中心导杆和汇电环组成。随动球结构与陀螺球外壳结构相对应，同样由上下半球组成，在顶部和底部以及球的赤道部分装有顶电极、底电极和赤道电极。随动球和陀螺球之间有支撑液体，起到支撑和导电的作用。随动系统可跟踪灵敏部分运动，带动航向刻度盘上的0°～180°的刻度线与陀螺球主轴南北线始终保持一致，并把灵敏部分支承在固定部分上。

固定部分是与船舶甲板固定的部分，提供灵敏部分正常工作的外部条件。它包括罗经桌、贮液缸、罗经柜及平衡环悬挂系统。

二、启动前的检查与准备

启动前，对罗经有无认真的检查和准备，将直接影响罗经启动后的正常工作。因此，启动前应对整套罗经进行认真的检查，发现问题及时处理，做到防患于未然。检查内容如下：

（1）检查船电开关和变压器上电源开关是否置于"切断"（0）位置。

（2）检查主罗经各部分是否在正常位置；检查各仪器内是否清洁干燥，机械部分的传动是否灵活；电缆插头、导线接头和零部件安装是否牢固正常。

（3）检查主罗经左侧小门内配电盘上的随动开关是否在断的（0）位置。

（4）检查各分罗经的航向与主罗经的航向是否一致，校对所有分罗经的航向应与主罗经航向一致。

（5）检查航向记录器，校对其航向应与主罗经航向一致；检查航向记录纸是否够用，记录纸左侧的时间标志是否与船时间一致。

可以简记为："一个正常，两个关闭，三个一致，最后一个够用。"

三、启动罗经

通常应在开航前4～5 h启动罗经。若前次关闭罗经后，船舶停靠在码头，且航向未曾改变，则可在开航前2～3 h启动罗经。启动步骤：接通船电开关，接通变压器箱上的电源开关，由OFF位置转到ON位置。20 min后，接通随动开关，由"0"位置转到"1"的位置。

启动罗经时需要掌握开关控制按钮的位置和作用。

船电开关：一般安装在驾驶台墙壁上的配电箱中。

罗经电源主开关：在变压器箱的面板上。

随动开关：在主罗经左侧窗口内。

四、日常使用时的检查

（一）检查支承液体的液面高度

支承液体用于支承陀螺球并构成陀螺球与随动球导电通路。当液面高度不足时，陀螺球顶电极因裸露液面之上，而无法导电。因此，应经常检查支承液体的液量，保证液面至加液孔的距离为4～5 cm。检查时可用小木笺测量，如图1-1-3所示。

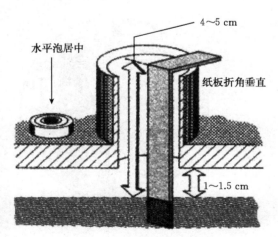

图1-1-3　液面高度的检查
（《航海仪器》上册，2009）

（二）检查陀螺球的正常高度

陀螺球的高度是确定陀螺球在随动球中位置如何的重要指标，陀螺球高度不正常，将造成陀螺球与随动球顶部或底部摩擦，引起不定误差。

检查陀螺球高度的方法：在罗经已经稳定、液温正常、罗经桌水平的情况下，打开主罗经尾部的小门，使眼睛与随动球透明玻璃块内外表面的两条水平线位于同一平面内，如图 1-1-4 所示。以此为基准，观察陀螺球赤道线的高度。正常时赤道红刻线高出 2 mm，允许偏差±1 mm。

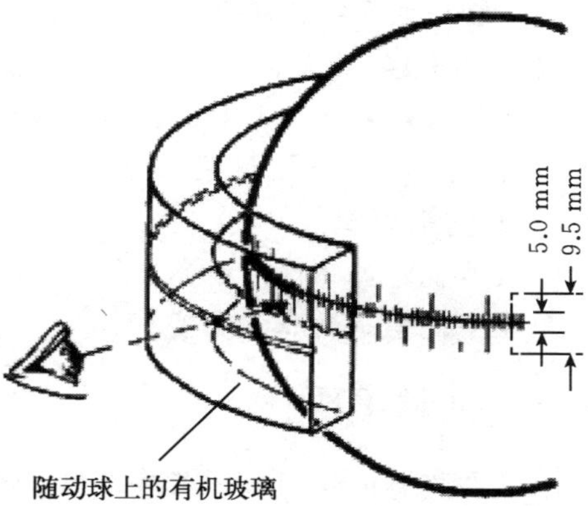

图 1-1-4　陀螺球高度的检查
（《航海仪器》上册，2009）

（三）支承液体的成分及作用

支承液体的配方：

蒸馏水 10 L，甘油（20 ℃时，密度为 1.23 g/cm³）1 L，安息香酸 10 g。

甘油用于增大液体密度，安息香酸用于导电。当液体密度不正常时，添加 30 mL 甘油，可使支承液体的密度增加 0.000 5 g/cm³；反之，添加 30 mL 蒸馏水，可使支承液体的密度减小 0.000 5 g/cm³。

实验一　双转子系列罗经

一、实验目的

熟悉双转子系列罗经各部分组成及作用，掌握双转子系列罗经启动前的检查与准备。能够正确启动双转子系列罗经，并掌握双转子系列罗经日常使用时的检查项目。

二、实验内容

1. 双转子罗经开机前，检查船电开关、罗经电源开关和随动开关位置，检查分罗经、航向记录仪是否处于正常状态。

2. 按要求正确启动双转子罗经。

3. 完成双转子罗经各项日常检查。

三、实验前的准备

应在实验前掌握陀螺罗经指北原理，了解双转子罗经各部分组成及作用，并提前预习本节实验内容。

四、实验过程

（一）启动双转子陀螺罗经

1. 进行罗经启动前的检查工作

（1）检查船电开关、随动开关位置。

（2）检查校对主罗经、分罗经及航向记录器航向一致，查看记录纸余量。

（3）检查主罗经各部分是否在正常位置。

2. 启动罗经

接通船电开关，接通变压器箱上的电源开关，由 OFF 位置转到 ON 位置。20 min 后，接通随动开关，由"0"位置转到"1"位置。

（二）日常检查

1. 检查支承液体的液面高度。
2. 检查陀螺球的正常高度。

五、注意事项

1. 实验设备的使用要求严格按程序进行，陀螺罗经属于精密仪器，严禁私自随意操作。
2. 实验过程中如遇任何问题，应立即报告实验指导教师处理。

六、实验报告

1. 本次实验中，陀螺罗经启动前检查工作是如何操作的？
2. 安许茨 4 型陀螺罗经启动过程中为何要等 20 min 才能启动随动开关？
3. 本次实验中是如何检查陀螺球高度的？如果陀螺球高度偏低应怎样调整？

第二节　单转子系列罗经

一、单转子陀螺罗经的结构

斯伯利系列陀螺罗经是单转子陀螺罗经的典型代表，本实验将以斯伯利 MK37 型单转子陀螺罗经为例进行讲解。斯伯利 MK37 型罗经的灵敏部分由陀螺球和垂直环组成，控制力矩由液体连通器获得，阻尼力矩则由陀螺球西侧重物产生，陀螺球动量矩指南。

整套罗经由主罗经、电子控制器、速纬误差补偿器和发送器箱等组成。主罗经是整套罗经的主体，具有指示船舶航向的性能。电子控制器内安装有静止型逆变器和陀螺马达启动控制电路印制板，将船舶电源变成 115 V 400 Hz 的三相交流电，向陀螺马达供电；其面板上装有电源开关、旋转开关、方式转换开关、电源指示灯和保险丝等，用以控制罗经电源的接通和断开，以及对罗经进行启动及关闭等。速纬误差补偿器用以消除纬度误差和速度误差。发送器箱内装直流步进式传向系统的控制电路印制板，由此接至各分罗经。

二、主要开关控制按钮的作用

（一）方式转换开关

方式转换开关置于不同位置时，可控制罗经工作于"旋转""启动""自动校平"和"运转"等方式。

1. 旋转（SLEW）位置

允许主罗经刻度盘在陀螺马达不转时，利用旋转开关与船舶真航向一致，此时陀螺球主轴初始对准北方。

2. 启动（START）位置

接通陀螺马达电源，使陀螺马达高速旋转，达到额定转速 12 000 r/min，等待时间约 10 min。

3. 自动校平（AUTOLEVEL）位置

利用力矩方式使陀螺罗经主轴水平，以减少稳定时间。

4. 运转（RUN）位置

罗经投入正常工作，自动找北指北。

（二）速纬误差补偿器

1. 纬度误差旋钮

按船舶所在纬度调整，消除纬度误差。

2. 纬度开关

以船舶所在纬度极性进行选择。

3. 速度误差旋钮

按船舶航速调整，消除速度误差。航行期间，船舶纬度每变化 5°，或船舶航速每变化 5 kn，调整一次补偿器，如图 1-2-1 所示。

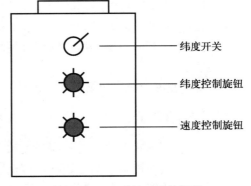

图 1-2-1 速纬误差补偿器

三、启动前的检查与准备

1. 船电开关在断的（OFF）位置。

2. 电子控制器上的电源开关位于断的（OFF）位置。

3. 方式转换开关位于断的（OFF）位置。

4. 发送器箱上的电源开关和分罗经开关位于断的（OFF）位置，如图 1-2-2 所示。

5. 主罗经上的锁紧手柄（如有）位于锁紧位置。

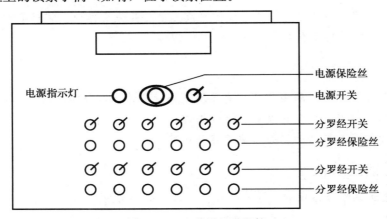

图 1-2-2 分罗经发送箱

四、快速启动罗经

借助于方式转换开关、旋转开关及其控制电路，对罗经进行快速启动，用以缩短其稳定时间。

1. 接通船电开关。

2. 将电子控制箱上的电源开关置于接通位置（ON），红色指示灯亮。

3. 将方式转换开关置于旋转位置（SLEW）。

4. 按需要向"顺时针"（CW）或"逆时针"（CCW）方向调整旋转开关使主罗经刻度

盘的指示与船舶航向相同。

5. 将方式转换开关置于启动位置（START），115 V 400 Hz 三相交流电向主罗经供电，等待 10 min，让陀螺马达转速上升。

6. 将锁紧手柄（如有）位于非锁紧位置，将方式转换开关置于自动校平位置，等待 10 s，直到主罗经刻度盘停止抖动或有微小抖动为止。

7. 将方式转换开关置于运转（RUN）位置。罗经进入正常工作状态，开始自动地找北指北。

8. 接通发送器电源开关，校对分罗经的航向与主罗经一致，接通分罗经开关。

9. 设定纬度开关与船舶所在纬度极性相同位置，调整纬度旋钮（LATITUDE）到所在航行纬度上。

10. 调整速度旋钮（SPEED）到所在航速上。

五、关闭罗经

1. 将电子控制器上的方式转换开关和电源开关置于断的（OFF）位置。

2. 主罗经上的锁紧手柄（如有）转至锁紧位置。

3. 将发送器箱上的电源开关和分罗经开关置于断的（OFF）位置。

4. 将船电开关置于断的（OFF）位置。

实验二　单转子系列罗经

一、实验目的

了解单转子陀螺罗经的组成，熟悉操作面板上主要开关及作用。掌握单转子罗经开机前检查项目。熟练掌握单转子罗经快速开机和关机操作。

二、实验内容

1. 熟悉单转子罗经方式转换开关、速纬误差补偿器的作用和操作方法。

2. 完成单转子罗经开机前的准备和检查工作。

3. 按正规步骤完成单转子罗经的快速启动和关机。

三、实验前的准备

学生应在实验前掌握陀螺罗经指北原理，了解单转子罗经各部分组成及作用，并提前预习本节实验内容。

四、实验过程

（一）启动单转子陀螺罗经

1. 进行罗经启动前的检查工作

检查船电开关、电子控制器电源开关、方式转换开关等是否处于合适位置。

2. 启动罗经

接通船电开关和电子控制箱电源，按正规步骤调整方式转换开关后，打开分罗经开关并根据实际情况调整速纬误差补偿器。

（二）关闭单转子陀螺罗经

按正确顺序关闭罗经。

五、注意事项

1. 实验设备的使用要求严格按程序进行，尤其在操作方式转换开关时要特别注意。
2. 实验过程中如遇任何问题，应立即报告实验指导教师。

六、实验报告

1. 在单转子罗经快速启动过程中，方式转换开关应如何操作？
2. 船舶航行过程中，如何正确调节速纬误差补偿器？
3. 简述单转子罗经快速启动过程及注意事项。

第三节 磁罗经结构及使用

一、磁罗经的种类

根据罗盘的直径大小可将磁罗经分为 190 mm 型、165 mm 型和 130 mm 型的罗经。根据罗盆内有无液体，磁罗经可分为液体罗经和干罗经两种。现代船舶安装的都是液体罗经，液体罗经的罗盘浸浮在盛满液体的罗盆内，因受液体的阻尼作用，船舶摇摆时，罗盘的指向稳定性较好。另外受液体浮力的作用，可减小轴针与轴帽间的摩擦力，提高了罗盘的灵敏度，这种性能优良的液体罗经在现代船舶上得到普遍使用。磁罗经按照用途可分为以下几类。

1. 标准罗经

用来指示船舶航向和测定物标的方位。一般安装在驾驶台顶天线甲板上。多数标准罗经配有一套导光装置，可将包含船首基线的部分刻度盘投射到驾驶台内的平面镜中，供操舵人员观察航向。

2. 操舵罗经

安装在驾驶台内，专供舵工操舵用。当安装有反射或投影式的标准罗经时，可免装操舵罗经。

3. 救生艇罗经

每条救生艇都备有一个便携式小型液体罗经，用于船舶遇险时操纵救生艇。

4. 应急罗经

安装在应急舵房内，以便在舵机失灵使用应急舵航行时使用它指示航向。因舵机间磁场干扰严重，目前大多数船舶使用电罗经的分罗经代替磁罗经作为应急罗经。

二、磁罗经的结构

船用磁罗经由罗经柜、自差校正器和罗盆三部分组成。在观测物标方位时，磁罗经通常还要与方位仪配合使用。

1. 罗经柜与自差校正器

罗经柜通常由铜、木、铝等非磁性材料制成，主要用来支撑罗盆和放置自差校正器，如图 1-3-1 所示。

在罗经柜的顶部有罗经帽，用来保护罗盆，使其避免风吹雨淋和阳光照射，以及在夜航中防止照明灯光外露。

在罗经柜的正前方，有一竖直圆筒，筒内根据需要放置数块消除软半圆自差用的佛氏铁或有一竖直长方形盒在其内放数根消除自差用的软铁条。

在罗经柜左右正横是放置象限自差校正器（软铁球或软铁片）的座架，软铁球或软铁盒的中心位于罗盘磁针的平面内，并可根据校正自差的需要内外移动。

在罗经柜内，在罗盘中心正下方安装一根垂直铜管，管内放置消除倾斜自差的垂直磁铁，该磁铁可由吊链拉动在管内上下移动。

在罗经柜内还有放置消除半圆自差的水平纵向和横向磁铁的架子，并保证罗经中心应位于纵横磁铁的垂直平分线上。

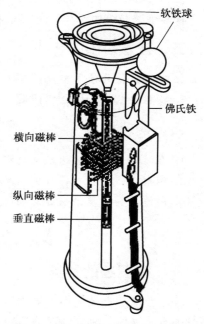

图 1-3-1 罗经柜及自差校正器
（《航海仪器》上册，2009）

2. 罗盆

罗盆由罗盆本体和罗盘两部分组成，如图 1-3-2 所示。

罗盆均由铜制成，其顶部为玻璃盖，玻璃盖的边缘有水密橡皮圈，并用一铜环压紧以保持水密。罗盆底部装有铅块，以降低罗盆重心，在船摇摆时，罗盆仍能保持水平。

罗盆内充满液体，通常为酒精与蒸馏水的混合液，混合液的比例为 45% 酒精和 55% 蒸馏水。酒精的作用是降低冰点，冰点为 −26 ℃。有的罗经的支撑液体还采用纯净的煤油。

在罗盆的侧壁有一注液孔，供灌注液体以排除罗盆内的气泡。注液孔平时由螺丝旋紧以保持水密。

在罗盆内壁的前后方均装有罗经基线，位于船首方向的称为首基线，当首基

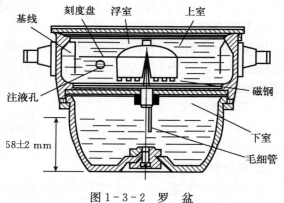

图 1-3-2 罗 盆
（《航海仪器》上册，2009）

线位于船首尾面内时，其所指示的罗盘刻度即为本船的航向。

有的罗经在其罗盆底部装有铜皮压成的波纹形的皱皮，用以调节罗盆内液体的膨胀与收缩；还有的罗经，其罗盆分为上下两室，上室安放罗盘，并充满液体；下室液体不满，留有一定的空间，由毛细管连通罗盆的上下两室。当温度升高时，上室液体受热膨胀，一部分液体通过毛细管流到下室；反之，当温度降低，上室液体收缩时，在大气压力下，由下室又向上室补充一部分液体，起到调节液体热胀冷缩的作用，以避免上室出现气泡。

罗盘是磁罗经指示方向的灵敏部件。罗盘均由刻度盘、浮室、磁钢和轴帽组成。

刻度盘由云母等轻型非磁性材料制成，上面刻有 0°～360° 的刻度和方向点。罗盘中央为

一半球形水密空气室，称为浮室，用以增加罗盘在液体中的浮力，减轻罗盘与轴针间的摩擦力，提高罗盘转动的灵敏度。

浮室中央装有轴帽，中心处镶有人造宝石，浮室下部呈圆锥形，以限制轴针的尖端只能与轴帽接触，轴针的尖端由铱铂等硬金属制成，可减小轴针与轴帽间的摩擦力，使其转动灵活。为减小罗盘的振动，还在宝石的上方装有减振装置。

罗盘的磁钢有条形和环形两种，磁针与罗盘 0°和 180°轴线对称平行排列，焊牢在浮室下部。罗盘的关键在于磁针的合理结构。理论和实践证明，单磁针罗盘在不均匀磁场作用下，会产生高阶自差，不易准确地消除。现代罗经采用两对或三对短磁针构成的磁针系统，既减少了磁针长度，又没有降低磁针总体磁矩。有的罗盘采用环形磁钢也可达到同样的目的。

三、物标方位观测

方位仪是一种配合罗经用来观测物标方位的仪器。通常有方位圈、方位镜、方位针等几种类型。

图 1-3-3 为方位圈，它由铜制作，有两套互相垂直观测方位的装置。其中一套装置由目视照准架和物标照准架组成。在物标照准架的中间有一竖直线，其下部有天体反射镜和棱镜。天体反射镜用来反射天体（如太阳）的影像，而棱镜用来折射罗盘的刻度。目视照准架为中间有细缝

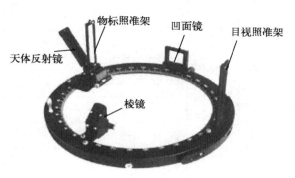

图 1-3-3　方位圈

隙的竖架。当测者从细缝中看到物标照准线和物标重合时，物标照准架下棱镜所折射的罗盘刻度就是该物标的罗经方位。这套装置既可观测物标方位，又可观测天体方位。

另一套装置由可旋转的凹面镜和允许细缝光线通过的棱镜组成，它专门用来观测太阳的方位。若将凹面镜朝向太阳，使太阳聚成一束反射光经细缝和棱镜的折射，投影至罗盘上，则光线所照亮的罗盘刻度即为太阳的方位。

在方位仪上有水准仪，观测方位时，应使气泡位于中央位置，以提高观测方位的精度。目前在校正罗经时，方位针使用也很普遍，它是在罗盘中心垂直竖一根针，利用太阳照射后，在罗盘平面上投影所照射的度数即为太阳反向罗方位。注意在测定太阳罗方位时，罗盆一定要水平，方位针要准确垂直于罗盆，否则会产生较大的方位误差。

四、自差表的使用

在自差校正完成后，并不能完全消除自差，在各个航向上没有消除掉的一部分自差称为剩余自差。航海上采用测量等间隔的 8 个航向上的剩余自差的方法求取自差系数，并以此填写和绘制罗经自差表，方便航海上实际查取自差，如图 1-3-4 所示。测量自差的方法主要有叠标法、测天法和陀螺罗经对比法。其中观测天体求罗经差的具体方法将在后续实验中讲解。

自差表中，除了可以利用查找对应航向上的自差，还标有自差系数及校正器位置和数量，以备自差校正器移动后能够准确复原。

NO.

磁 罗 经 自 差 表
MAGNETIC COMPASS DEVIATIONS TABLE

船名 SHIP'S NAME	总吨 GT	功率/kW

校正方法 WAYS	校正地方 ADJUSTED AT	海况天气 SEA WEATHER	校正日期 DATE

标准罗经自差曲线 Standard		自 差 表 DEVIATIONS TABLE			操舵罗经自差曲线 Steering					系 数 COEFFICENTS		
W'ly(-) E 'ly(+)		标准罗经 Standard	罗航向 C. Course	操舵罗经 Steering	W'ly(-) E 'ly(+) 4 2 0 2					标准罗经 Standard Compass		
4	2 0		N 000°		N							附注 REMARKS
	N		150°							A:_____		
			030°									
	NE		NE 045°		NE					B:_____		
			060°									
			075°							C:_____		
	E		E 090°		E							
			105°							D:_____		
			120°									
	SE		SE 135°		SE					E:_____		
			150°									
			165°									
	S		S 180°		S					操舵罗经 Steering Compass		
			195°									附注 REMARKS
			210°							A:_____		
	SW		SW 225°		SW							
			240°							B:_____		
			255°									
	W		W 270°		W					C:_____		
			285°									
			300°							D:_____		
	NW		NW 315°		NW							
			330°							E:_____		
			345°									

标准罗经Standard Compass		校正器位置POSITION OF CORRECTOR	操舵罗经Steering Compass	
左 Port		纵向磁棒FOTE&AFT MAGNETS	左 Port	
右 Starb.			右 Starb.	
前 Fore		横向磁棒ATHWARTSHIP MAGNETS	前 Fore	
后 Aft			后 Aft	
位置 C.Mark		垂直磁棒HEELING MAGNETS	位置 C.Mark	
左 Port		软铁QUADRANTAL CORRECTORS	左 Port	
右 Starb.			右 Starb.	
长度Length		佛氏铁FLINDERS BAR	长度Length	

磁罗经技术服务分部（章） MAGNETIC COMPASS ADJUSTMENT SERVICE DEPARTMENNT(seal) _____	磁罗经校正人员（签名及证书号） MAGNETIC COMPASS ADJUSTER (Signature&Cert.No.)

中华人民共和国海事局监制
SUPERVISED BY THE MARITIME SAFETY ADMINISTRATION,
PEOPLE'S REPUBLIC OF CHINA

图 1-3-4 磁罗经自差表

实验三 磁罗经结构及使用

一、实验目的

掌握磁罗经种类。熟悉磁罗经罗经柜、自差校正器和罗盆的结构与作用，能够熟练运用方位仪测量物标方位。

二、实验内容

1. 掌握实验所用磁罗经种类。
2. 指出磁罗经各部分功能及作用。找出罗经柜上校正器位置并依次说明其校正内容。
3. 熟练使用磁罗经读取航向和测量方位。
4. 熟练使用自差表。

三、实验前的准备

应在实验前掌握磁罗经工作原理，并提前预习本节实验内容。

四、实验过程

1. 指出本次实验所用磁罗经的种类。
2. 指出磁罗经各部分结构及作用。依次指出磁罗经罗经柜、罗盘、方位仪，并描述各部分功能及作用。找出罗经柜上佛氏铁、软铁球（软铁片）、垂直磁棒、纵横磁棒位置并依次说明其校正内容。
3. 方位测量。根据指定物标，熟练使用磁罗经测量物标方位。
4. 自差表使用。根据指定航向，在表中查取对应自差。

五、注意事项

实验中注意保护实验仪器，未经允许不得擅自拆装磁罗经的自差校正器。

六、实验报告

1. 磁罗经自差校正器有哪几种，分布在罗经柜哪些位置？
2. 完成指定物标的方位测量，做好记录。
3. 如何使用磁罗经自差表查取自差？自差表中都有哪些信息？

第四节 磁罗经检查

一、罗盆和罗盘的检查

1. 罗盆应保持水密，无气泡。罗经液体应无色透明且无沉淀物。
2. 罗盆在常平环上应保持水平。
3. 罗盘应无变形，磁针与刻度盘 NS 线应严格平行，误差应小于 $0.2°$。
4. 罗经的首尾基线应准确地位于船首尾面内，误差小于 $0.5°$。

5. 罗盘灵敏度的检查。检查罗盘的灵敏度主要是检查罗盘轴针与轴帽之间的磨损情况，若摩擦力较大，将会直接影响罗盘指向的准确性。

检查方法：在船停靠码头，船上或岸上机械不工作的情况下，首先准确记下罗经基线所指的航向，然后用一小磁铁或铁器将罗盘从原来平衡位置向左引偏 $2°\sim3°$，移开小磁铁，观察罗盘是否返回原航向，然后再向右边做同样的检查，取其误差的平均值。ISO 规定罗盘返回原航向的误差应在 $(3/H)°$ 以内〔H 为地磁水平分量，单位为微特（μT），1Oe = $100\,\mu T$〕。若罗盘灵敏度不符合要求，需进行修理或调换。

6. 罗盘摆动周期的检查。罗盘磁针磁性的强弱可通过测定罗盘摆动周期来检查。通常仅测其摆动半周期，检查方法如下：用磁铁将罗盘从罗经基线引偏 $40°$，移去磁铁，罗盘开始摆动，用秒表记下原航向值连续两次过基线的时间间隔，此间隔即为罗盘摆动的半周期。ISO 规定罗盘摆动半周期应不小于 $(2\,600/H)^{1/2}$ s。同样用磁铁将罗盘向另一侧引偏后，做类似的检查，取两者的平均值。若测得的半周期比规定的标准值大得多，说明磁针的磁性减弱，应予以更换。

7. 消除罗盆内的气泡。罗盆产生气泡的原因主要有两种：其一是由于罗盆不水密，如罗盆上的垫圈老化或玻璃盖上的螺丝未旋紧等造成漏水，空气进入罗盆，从而形成气泡；其二是浮室漏水，空气由浮室中逸出所致。罗盆内的气泡对观测航向和测定物标方位均会产生影响，必须消除。

消除气泡的方法：将罗盆侧放，注液孔朝上，旋出螺丝，首先鉴别罗盆内装有何种液体，在注入液体前，应从罗盆内取出一些原液体与新液体混合，经过一段时间，确定仍为透明无沉淀后，方可注入新液体，直至气泡完全消除为止。对于盆体分为上下两室的罗盆，在上室注满液体把气泡排除后，还要测量下室液面的高度，其高度应符合说明书的要求。

二、校正器的检查

（一）硬铁校正磁铁的检查

消除自差用的磁铁棒应无锈，生锈则会使磁性衰退。还应检查磁铁棒特别是新购进的磁铁棒，其棒上所涂的颜色与磁极是否相符。

（二）软铁校正器的检查

软铁校正器应不含有永久磁性，否则会影响校正效果。检查软铁球是否含有永久磁性的方法：船首固定于某一航向，将软铁球靠拢罗经柜，待罗盘稳定后，缓慢间断地原位旋转软铁球，罗盘应不发生偏转，然后用同样方法检查另一只球。若罗盘发生偏转，说明软铁球含有永久磁性。对于软铁片，可将软铁片盒移近罗经柜，将软铁片首尾倒向插入软铁片盒，罗盘应不发生偏转，否则软铁片含有永久磁性。

检查佛氏铁是否含有永久磁性的方法：船首固定于磁东或磁西航向上，将佛氏铁逐段以正反向倒置放入罗经正前方的佛氏铁筒中，罗盘不应发生偏转，否则佛氏铁含有永久磁性。

对于含有永久磁性的校正软铁，可将其放在地上敲击或淬火进行退磁，退磁无效者应予以调换。

三、方位仪的检查

方位仪应能在罗盆上自由转动，其旋转轴应与罗盆中心轴针重合，无论是方位圈或方位镜，其棱镜必须垂直于照准面，否则观测方位时，将产生方位误差。检查方位圈时，把方位圈的舷角定在0°时，根据照准线从棱镜上看到的罗盘读数，应与船首基线所对的罗盘读数相等，否则方位圈的棱镜面不垂直于照准面，应予以调整。

实验四　磁罗经检查

一、实验目的

熟悉磁罗经罗盆的各项检查，重点掌握罗盆气泡的消除方法。能够完成罗盘灵敏度、摆动周期检查。掌握磁罗经自差校正器和方位仪的检查方法。

二、实验内容

1. 磁罗经罗盆的各项检查。
2. 磁罗经罗盘的各项检查。
3. 自差校正器的检查。
4. 方位仪的检查。

三、实验前的准备

应在实验前掌握磁罗经工作原理，熟悉磁罗经各部分组成结构，并提前预习本节实验内容。

四、实验过程

1. 罗盆的检查

检查磁罗经罗盆是否水平，消除罗盆内气泡。

2. 罗盘的检查

罗盘有无变形，首尾基线是否位于船首尾面内。重点检查罗盘灵敏度、摆动周期是否符合要求。

3. 校正器的检查

分别检查硬铁和软铁校正器。重点检查软铁球（软铁片）及佛氏铁是否含永久磁性。

4. 方位仪的检查

检查方位仪旋转轴与罗盆中心轴针是否重合，检查棱镜是否垂直于照准面。

五、注意事项

1. 消除罗盆气泡之前注意先鉴别罗盆内装有何种液体。
2. 检查罗盘灵敏度、摆动周期时应注意及时撤走小磁棒，防止其影响检查结果。

六、实验报告

1. 完成检查罗盘、罗盆、方位仪规定检查项目，简述操作过程。
2. 本次实验使用的罗经自差校正器是否处于正常可用状态，描述你是如何判断的。

第五节 船用测深仪

船用回声测深仪是利用超声波在水中的传播物理特性而制成的一种测量水深的水声导航仪器。船用回声测深仪实现测深的原理：通过测量超声波从发射至经水底反射后被接收的时间间隔，从而确定水深。船用测深仪经过多年发展，已由最初简单的机械结构测深仪，完成了向数字化设备转变的过程。

一、测深仪使用基本知识

(一) 量程选择

回声测深仪一般都具有多个量程，以适应海水深度差异较大的需要，每个量程上的最大测量深度 $H\max$，由发射脉冲周期 T 所决定，即 $H\max = CT/2$，其中 C 为声波在海水中的传播速度。每个量程上选取不同的 T 发射脉冲，这在测深仪制造时已选定。因此每个量程上的最大测量深度是不能改变的。使用时应按下列原则选取量程：

1. 根据船舶所在的位置，从海图上查出该地区的水深范围，选出与此水深相应的量程。

2. 若无法估计水深时，应从深水挡向浅水挡转换，直到测量出正确的水深为止。

(二) 量程的扩展

由于记录纸宽度的限制，给深水测量带来不便，于是采用量程扩展的方法予以解决。一般采用记录笔转速不变，而将发射脉冲的时间提前，因此，在扩展的量程上，其刻度标尺均不从零开始，也不会出现零点标记。

(三) 深度 (回波) 信号的识别

由于回声测深仪原理公式 $H = CT/2$ 可知，因为 $C = 1\,500\,\text{m/s}$，只要测量出声波从发射开始，经海底反射回来的时间间隔 T，即可转换成水深 H。但实际上换能器所接收的信号只是回波信号的一小部分，大部分回波遇到船底后被反射回去，再经过海底反射回来，又被换能器所接收，这就是二次、三次回波。因此，正确识别深度信号 (一次回波) 是使用测深仪的重要环节。

1. 从零点信号开始，由浅向深逐步观察，直至观察到第一次的深度信号为止。这个深度信号是一次回波，即为实际水深。

2. 再继续向深逐渐观察，若再次发现深度信号，验证其读数若是第一次深度信号的两倍，则为二次回波信号。

3. 根据海图或其他测量方法，来验证一次回波是否正确。若数值相近是正确的，若相差较大，可能是假回波。假回波来自测深仪内部或外界的干扰信号。两者区别是真信号显示稳定，假信号时有时无。

(四) 增益调节

增益调节是改变测深仪接收放大器的放大倍数，根据回波信号的强弱而定。测量浅水时，回波较强，增益应置于较小的位置，使二次回波信号刚好得到抑制。测量深水时，回波信号较弱，故应将增益置于较大的位置，使一次回波信号稳定显示。增益调节应适当，切不可盲目。增益过大将产生杂波干扰，增益过小会将信号抑制。

（五）时间电机转速调节

时间电机是测深的计时装置，它的转速正确与否，直接影响测深仪的准确与否。调节的具体方法应按照说明书进行。

（六）零位调节

零位信号表示发射脉冲的发射时间，因此零位信号是否与刻度标尺的零位对准，会直接影响到测深仪测量水深的准确性。零位信号偏于零位标尺的前方，测深仪指示深度比实际水深浅；零位信号偏于刻度尺零位的后方，测深仪指示水深比实际水深深。

二、测深仪操作方法

本实验以 ED-162 型回声测深仪为例，对测深仪的组成和使用进行讲解。ED-162 型回声测深仪是南京新吉坡船用电子有限公司在引进挪威 SKIPPER 公司技术的基础上生产的新产品，它是一种适用于海洋及内河船舶的水声导航仪器，同时也适用于航道测量和水上工程测量等。

（一）回声测深仪开关按钮及操作

ED-162 型回声测深仪的开关控钮有的装在主机的面板上，有的装在主机内部。

1. 主机的面板上控钮

（1）电源/增益控钮。此控钮为测深仪的电源开关及增益旋钮。顺时针转动至第一挡，即接通电源，而后继续转动旋钮，增益逐渐增大，直到在记录器或数字显示器中获得清晰的深度标志或数据。关机时，可将该旋钮逆时针旋转到底。

（2）照明控钮。用于调节记录器和控制面板的照明亮度，当量程选择器置于 O_1 或 O_2 挡时，记录器不工作，照明灯亦不亮。

（3）量程选择与记录器开关。量程选择置于 O_1、O_2 挡为数字显示方式，记录器关闭，量程选择置于 A、B、C、D 各挡，记录器和数字显示器同时工作。

（4）报警深度预置。由按键 0～9 共 10 个数字键组成，可在 1～500 m 以内任意选择报警深度。预置报警深度数字将显示在绿色数字显示器上，当水深小于预置深度时，蜂鸣器将发出响声，绿色数字将闪烁。

2. 主机内部控钮（按黑色按钮打开 ED-162 型测深仪的面板盖子）

（1）记录纸速度控钮。该旋钮用来调节记录纸移动速度，可调范围为 1.2～12 mm/min。旋钮逆时针旋到底为最低速，顺时针转动旋钮，则纸速逐渐增加。一般用于航海测深时，纸速可调得低一些，有利于降低记录纸的消耗。当需要较精密测量的记录资料时，则可调高一些。使用最大量程 D 挡时，纸速不宜过高，以免因纸速过高使记录深度标志线出现间断而不易识读。

（2）TVG（时间增益控钮）。TVG 控制信号是由主控制器产生的，它将抑制浅水回波的接收增益，并随水深的增加而逐渐增大。最大的增益抑制在零位线附近，在顺时针到底的位置，增益抑制作用和作用范围都是最大值。

（3）定位标志按钮。按下此按钮，可使记录笔在记录纸上划出一条连续的直线。定位标志线可用来标明预定的基准线、水深范围变化的位置以及操作时的特殊记载等，也用作检查和校正记录笔与记录纸的接触是否良好。

（4）深度报警开关。用于接通或断开报警用的蜂鸣器。

（5）零位线调节。零位线调节机构位于记录器的上皮带轮的右边。上下移动此机构，可以调节零位线使其与刻度板的零位相一致，或者将零位线向下移至与船舶吃水或换能器工作面的深度相一致。这时记录器所记录的深度为实际水面深度。

（6）电源选择开关。用于交流或直流电源的选择。

（二）测深仪的使用

使用回声测深仪时，应按照使用说明书规定的操作顺序进行。一般使用操作步骤如下：

1. 检查各开关应置于"断"位置。

2. 检查记录纸的余量应能满足本航次使用。

3. 估计水深并选择适当量程，或先置开关于最大量程，然后由深至浅进行选择。

4. 开启配电板上电源开关，观察电源指示是否正常，电压、电流指示是否为规定数值。

5. 调解增益旋钮，使记录线条或指示清晰可辨地出现一次回波信号。

6. 读取水深读数。

7. 关机时，应按与开机的先后顺序相反的步骤进行。

（三）真假信号的识别

1. 由于机器内部的电气干扰产生的杂波频率不稳定，从而在记录纸上呈现为杂乱的黑点。

2. 由于换能器的指向性存在旁瓣，因而所发射的能量通过各种途径直接到达接收换能器，使之在零线附近出现几条线条或连成一条粗线，过多的交会杂波会将浅水信号遮盖，因此在浅水时不要使增益过大，尽量避免交会杂波的出现。

3. 二次、三次或多次回波在浅水区域，特别是海底层为非常光滑的岩石的情况下，若灵敏度又过大，这时显示器上将会出现几乎等间隔的几次回波，这时候读数应以第一次为准。

（四）使用注意事项

1. 测深仪原理的基本公式为 $H = CT/2$，其中 C 为设计声速。通常选用 $C = 1500$ m/s。因此，在温度和深度等因素的影响下，实际声速与设计声速不一致，造成声速误差，这时候应依下式来修正，即 $H = Ch/C$（C 为实际声速，h 为显示深度）。

2. 当定时电机设计转速（n）与实际转速（N）不等时，应用下式来修正，即 $H = nh/N$。

3. 当船舶进坞时，应注意换能器不要涂油漆，出坞前应认真检查。

4. 在有机会的情况下利用测深锤对测深仪进行校验，发现误差时应予以校正。

5. 零点误差的消除，如没有消除时，使用时要注意，实际水深＝显示水深＋零点超前量或减零点滞后量。

实验五　船用测深仪

一、实验目的

了解船用回声测深仪的工作原理，掌握测深仪使用基本知识，熟练使用测深仪并能够准确读取水深。

二、实验内容

1. 测深仪的开机与关机。

2. 测深仪工作状态检查。

3. 读取水深读数。

三、实验前的准备

掌握测深仪工作基本原理，预习教材中的水声导航仪器的内容。

四、实验过程

(一) 测深仪开机

1. 接通电源，顺时针旋转电源开关及增益调节旋钮，直到在记录器或数字深度显示器中获得清晰的深度标志或数据。

2. 调整照明控制旋钮，调节纸面记录区域和控制面板上的照明亮度（当量程在"O_2""O_1"挡，即使用数字显示时，照明控制不起作用）。

3. 用量程控制旋钮（表1-5-1）选择合适的测深仪量程。

表1-5-1 量程控制旋钮

量程挡位	量程（m）	深度显示方式
O_1	0～99.9	数字显示、记录关闭
O_2	0～500	
A	0～10	数字显示、记录显示
B	0～25	
C	0～50	
D	0～500	

4. 通过键盘设定500 m深度以内的报警预置深度，所设定的正确数值会显示在报警预置深度显示器中。当水深小于预置深度时，蜂鸣器将发出响声，绿色数字闪烁。

(二) 测深仪状态检查

1. 记录纸速度控制，顺时针调整旋钮可增加走纸速度。当测量浅水区时，速度可适当快一点；当测量深水区时，走纸速度可适当降低一些。

2. 时变增益（TVG）控制，抑制浅水回波的接收增益，并随着水深的增加而逐渐增大。最大的增益抑制在零位线附近，在顺时针到底的位置，增益抑制作用和作用范围都是最大值。

3. 深度报警开关处于"O"挡时，报警电路断开，蜂鸣器不起作用。

4. 零位线调整，可通过零位线调整手柄调整零线与标尺零线水平。

(三) 测深仪深度读取

注意零位线的位置是否与标尺平行，并确认测定的是换能器底面以下深度还是水面以下深度。

(四) 测深仪关机

1. 逆时针调整照明控制旋钮，关闭记录区照明。

2. 逆时针旋转电源开关及增益调节旋钮，关闭电源。

五、注意事项

使用测深仪应严格按照操作步骤进行，防止设备因误操作损坏，实验过程中发现仪器有任何问题第一时间通知教师。

六、实验报告

1. 简述回声测深仪操作步骤。
2. 在操作回声测深仪时，应如何选择测深量程？如何调节增益旋钮？
3. 读取测深仪读数，并做好记录。

第六节　船用计程仪

一、计程仪的种类及原理

计程仪是一种测量船舶航速和累计航程的导航仪器。目前主流计程仪分为相对计程仪和绝对计程仪两种。相对计程仪只能测量船舶相对于水的速度并累计航程，主要包括水压式、电磁式等。绝对计程仪可以测量船舶相对于海底的速度并累计航程，主要包括多普勒式、声相关式等。需要注意的是：当船舶航行于深海时，绝对计程仪由于工作原理的限制，将无法实现对地跟踪转而采取水层跟踪模式，此时的绝对计程仪也属于相对计程仪。

1. 电磁计程仪是利用法拉第感应定律进行工作。

$$E = B \times D \times V \times 10^{-8}$$

对某型号的计程仪而言，磁感应强度 B 和传感器两电极间距离 D 均为常值。由此可见，在上式中若测得感应电动势 E，那么就可求出航速 V，而速度对时间的积分即可得出航程。

2. 多普勒计程仪的测速原理是基于多普勒效应，即当声源与接收者之间存在相对运动时，接收者收到的声波频率与声源频率不同的现象。

$$\Delta f = \frac{v}{c} f_0$$

式中，f_0 为声源频率，c 为声波传播速度，因此，当 f_0 和 c 确定后，测量接收频率与声源频率之差 Δf，可求得速度 v。

TD-501 多普勒计程仪是具有一定代表性的计程仪，本实验将以这种计程仪为例，完成计程仪相关实验操作。

二、电磁计程仪操作

本节以 EML-112 型电磁计程仪为例，介绍电磁计程仪的组成及操作。

（一）主要部件

1. 传感器

传感器是测量船速的敏感组件，它产生与船速成正比的电压。目前世界上有两种类型，伸出船底外的测量杆式传感器和装在船底上的平面传感器，两者原理与结构基本相同，其内均设有激磁绕组和产生传递信号的电极，测量杆式传感器伸出船底外约 5 cm，位于流层中使之有较高的测量精度，也便于检修，但使用时要特别注意当水下有障碍物时，应收起测量杆，以免损坏。

2. 放大器

放大器放大来自传感器的速度信号电压，通常为一个与船速成正比的直流电压，供给各航速指示器。

3. 船速显示器

实际上的船速表类似直流电压表或电流表，可以根据电压或电流的大小指示相应的航速，也可以用数字电路进行数字变换后以数字的形式显示航速。

4. 航程显示

它的实质是积分器，通过电压-频率的转换，把与航速成正比的电压变为脉冲信号，而脉冲的频率取决于电压的大小，计数器电路将脉冲的个数进行统计，因此总的脉冲数是速度对时间的积分，代表航程。

(二) 电磁计程仪开关机操作

1. 开机前准备工作

清洁测量杆，检查自动升降装置气压是否合适，使用开关模拟挡位检查放大器、发送器是否处于正常工作状态。

2. 开机

合上配电板的电闸。按一下控制箱升降器控钮推出测量杆，使其露出船底。

3. 停机

按一下控制箱内的控钮使其收回船内。待船速指示为零时，切断配电板上电源。若需要，可收进测量杆并关上海水阀。

三、多普勒计程仪操作

(一) 开关机程序

1. 将船舶电源开关放到 ON 位置。

2. 顺时针旋转 POWER/DIM 控钮，使系统接通电源。

3. 将 POWER 开关置于 ON 位置 20 s。

4. 按 RESET（复位）按钮并将功能开关转到 RESET 位置，10 n mile 航程表复位到 0.0 位置，然后再将功能开关由 RESET 转到 RUN。

5. 关机时，先逆时针将 POWER \ DIM 旋到 OFF 位置，然后将船舶电源开关转到 OFF 位置。

6. 当显示器装置上的 POWER \ DIM 旋钮置于 ON 后，收发器上的 POWER 开关可作为收发器本身的电源开关（ON 或 OFF）。

(二) 计程仪的自检测试

1. 将收发器后面的 TEST/NORMAL 开关置于 TEST 位置。

2. 将电源开关置于 ON 位置 20 s 后，检查速度是否为 14.8 kn±0.1 kn，同时检查数字显示的小数点每隔 10 s 是否闪动一次。如是，就表示取样周期为 10 s。

3. 检查航程显示。在 TEST 工作时，用秒表测定航程显示表在 0.1～1.6 n mile 的间隔中，检查时间是否在 6 min 5 s±2 s 的范围内。

4. 检查 200 个脉冲/n mile 的距离输出信号。利用万用表的交流电压挡，在接线箱内的 200＋和 200－距离输出上计量触点的闭合次数，航程表每增加 0.1 n mile，所测闭合应为 20 次。

5. 检查后，将 TEST/NORMAL 开关置于 NORMAL 位置上。

实验六　船用计程仪

一、实验目的

了解船用计程仪的工作原理及种类，掌握计程仪使用基本知识，熟练使用测深仪并能够准确读取船速和航程。

二、实验内容

1. 熟悉本次实验使用计程仪的种类和原理。
2. 计程仪开机操作。
3. 计程仪工作状态检查。
4. 读取计程仪航速、航程。

三、实验前的准备

应在实验前复习计程仪工作原理，了解计程仪各部分组成及作用，并提前预习本节实验内容。

四、实验过程

（一）计程仪的开机步骤

接通电源开关，将开关由 OFF 转换为 ON，计程仪进入正常工作状态；若转换为 TEST，计程仪进入测试模式，大概 20 s 后，计程仪进入测试模式，大概以 15.3 kn 的模拟速度累积航程。

（二）计程仪工作状态检查

1. 确认当前计程仪的工作模式（正常工作还是测试模式）。根据需要转换为相应的工作模式。
2. 累积航程清零。

（三）读取航程航速数据

注意航速和航程单位。航速单位为节（kn）；航程单位为海里（n mile）。

五、注意事项

实验过程中有问题及时和教师沟通。

六、实验报告

1. 船用计程仪主要分为哪几种？本次实验使用的计程仪种类是什么？
2. 正确读取 TEST 模式下计程仪航速和累积航程。

第七节　GPS 卫星导航系统

目前，实用的卫星导航系统主要有 GPS 卫星导航系统、格洛纳斯（GLONASS）全球卫星导航系统、北斗卫星导航系统和伽利略卫星导航系统四种。其中，GPS 卫星导航系统可为全球提供全天候、高精度、连续、近于实时的三维定位与导航，且该系统已成为全球拥有用户数最多的卫星导航系统；而我国渔船普遍使用北斗卫星导航系统，以下内容结合北斗及 GPS 卫星导航系统的操作特点总结出卫星导航系统的一般操作方法。

卫星导航仪一般由直流电源（12/24 V）、天线和卫星接收机三部分组成。

一、主要控钮的作用及其使用注意事项

很多不同的厂家生产各种型号卫星导航系统，它们应用完全不同的操作界面，控钮的布局与数量也存在着很大的不同，即使是同一厂家生产的卫星导航系统，不同型号的产品也存在着或多或少的差别。从各种型号的卫星导航系统分析得到，其主要开关控钮可分为以下几类：

（一）电源及背景灯按钮

1. 电源开/关按钮。其作用是打开或关闭卫星导航系统的接收机。例如：[DIM/PWR]、[POWER]、[开/关]、[电源]。

2. 背景灯亮度与对比度调整按钮。其作用是调节背景灯光的亮度和对比度，有些型号接收机的此按钮与电源开/关按钮合二为一。例如：[DIM/PWR]、[POWER]、[TONE]、[亮度]。

（二）显示方式转换按钮

显示方式转换按钮：其作用是进行显示模式转换。例如：[DISP]、[DISPLAY]、[MODE]、[切换] 等。

GPS 常用显示界面：

1. 导航数据显示界面（nav data display）。提供船位的经纬度、对地航速（SOG）、对地航向（COG）、时间（Time）、定位方式等，如图 1-7-1 所示。

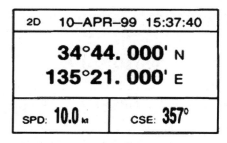
图 1-7-1　导航数据显示界面

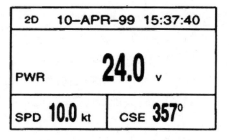
图 1-7-2　用户显示界面 1

2. 用户显示界面（user display）。显示的数据由用户根据应用的需要选择，这些数据有时间、接收机的状态、航速（SPD）、航向（CSE）、到达航路点的方位（BRG）和距离（RNG）、预计到达目的地的时间（ETA）和所需航行时间（TTG）、航程（TRIP）等，如

图 1-7-2、图 1-7-3 所示。

3. 标绘显示界面（plotter/plot display）。提供本船航迹（track）、船位、航向、航速、标绘视图范围等信息，如图 1-7-4 所示。

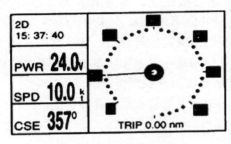

图 1-7-3 用户显示界面 2

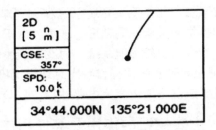

图 1-7-4 标绘显示界面

4. 航路显示界面（highway display）。提供船舶驶向目标航路点的 3D 航路示意图、导航数据及偏航值（XTE）等，如图 1-7-5 所示。

5. 操舵显示界面（steering display）。提供了船舶操舵信息，例如：航速、航向、到达航路点的方位和距离、预计到达的时间和航行时间等，如图 1-7-6 所示。

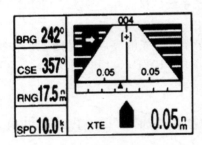

图 1-7-5 航路显示界面

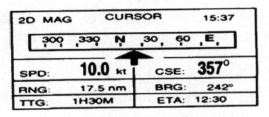

图 1-7-6 操舵显示界面

（三）其他常见的功能按钮

GPS 常见的其他功能按钮：

1. [MENU]。打开或关闭菜单。

2. [ESC]。退出当前操作。

3. [ENT]。确认键，确定当前的操作。

4. [WPT] / [RTE]。输入航路点 [WAYPOINT] /输入航线 [ROUTE]。

5. [GOTO]。设置目的地或功能菜单之间的跳转。

6. [CLEAR]。删除航路点或标记；清除错误的数据；GPS 报警时，可通过按此键消音。

7. [MARK/MOB] / [EVENT/MOB]。图标键，可标记某条件下的船舶位置。例如：人员落水点、锚位等。

8. [MODE]。将当前窗口转换为功能菜单窗口。

（四）使用注意事项

1. 操作者在使用接收机前，必须认真阅读接收机使用说明书及有关资料。首次操作时，必须有熟悉其性能并能正确操作的人员在场指导。

2. 每台接收机均应设置专用记录本,由船上有关人员认真填写。记录内容包括:

(1) 安装时间,承装单位和负责人员名单,验收情况。

(2) 开机和关机的时间及地点,使用接收机的情况及实际工作时间。

(3) 故障产生的年、月、日、时,故障现象,实际修理时间,检修处理情况,承修单位及修理人员名单等。

3. 接收机电源按键不应频繁启闭,一般启闭间隔时间应大于 5 s,以免损坏设备。

4. 船舶在航行中,接收机应连续工作,严禁关机。船舶停港 3 d 以上时可关机,不足 3 d 时可不关机。

5. 由于接收机在特殊情况 (详见使用说明书) 时需要冷启动,冷启动进行时间为 2～5 min。

6. 在某些特殊的应用中,需要输入其他信号数据时,输入给接收机的数据精度应符合说明书要求。

7. 使用接收机时,显示屏亮度调节不宜过亮,以能清晰读取显示数据为准。

8. 船舶航行中应尽可能使用 "锁定键盘" 的功能或其他保护措施,防止无关人员操作接收机键盘,造成接收机工作的失常或丢失机内已存储的有用资料,影响导航定位。

二、卫星导航系统操作

(一) 开机

1. 打开直流供电电源。

(1) 在卫星导航系统初次开机之前,请查看外接电源与机器规格要求是否一致,直流电源尤其需要注意电源正负极是否颠倒,以免损坏卫星导航系统的接收机。

(2) 在实船上,所有的通信和导航设备的船位信息均来自卫星导航系统,所以,船上的通信设备包括卫星导航系统的电源一定要外接 24 V 应急电,避免突发情况时,因主、辅机电力中断而无法正常使用。

2. 短按控制面板右下角 [DIM/PWR] / [POWER] / [开/关] 键,卫星导航系统电源通电,开机自检,进入工作状态,用户即可进行日常操作。当安装后初次接通电源或内存数据清空时,一般需要 1～2 min 进行搜索定位;下次再使用时一般需要几十秒至 1 min 即可定位。

3. 由于外界自然条件的变化,有时需要根据不同的天气条件,调整显示器的亮度和对比度,以适应相应的航行状况。

(1) 使用接收机时,显示屏亮度调节不宜过亮,以能清晰读取显示数据为准。

(2) 如果用户关机前把屏幕对比度调至最小。下次开机时,屏幕上什么也看不到,则需要用户按照说明书的要求,重新调整对比度至正常状态。

(3) 部分机型出现亮度和对比度调节菜单后,用户在 10 s 之内没有任何操作,则调整界面消失。下次调整时,还要按照操作规程的要求重新打开亮度和对比度调整菜单。

(二) 系统初始化设置

大多数型号的 GPS 开机后需根据船舶航行的海域、所使用的海图和航海图书资料等相关信息,对 GPS 进行系统初始化设置,使之满足当前航行的实际需求。例如:

1. 坐标系（datum）设定。世界各国所使用海图的参考坐标系并非完全相同，用户在使用 GPS 时，其参考坐标系一定要与海图的坐标系一致，否则会产生较大的定位误差。

2. 单位（unit）设定。为了保证海图作业的结果与 GPS 航线设计的预计的航程、预计到达时间（ETA）等一致，要求所用海图的单位与 GPS 的单位一致。此选项将影响其他航速和距离设定值。例如：模拟航速值和报警距离值等。

GPS 常用单位：

① 距离单位：n mile、mile、km、sm（海里、英里、千米、法定英里）。

② 速度单位：kt、mi/h、km/h（节、英里/小时、千米/小时）。

③ 深度单位：m、ft、FA、fm（米、英尺、拓、拓）。

④ 温度单位：C、F（摄氏温度、华氏温度）。

⑤ 高度单位：m、ft（米、英尺）。

3. 时差（time diff）设定。GPS 提供的时间是世界协调时（UTC），有些 GPS 无法根据航行区域的经纬度自动计算时差并转换成区时，这时用户可手动修改。根据时差计算公式：时差＝区时－世界时，其符号根据 GPS 说明书的要求进行输入。

4. 模拟操作。某些型号 GPS 具有模拟操作的功能，可通过此功能进行其他设备调试。例如，可测试雷达 GPS 接口功能是否正常。此功能在航行期间一定要关闭，否则 GPS 无法正常定位，影响船舶航行安全。

（三）GPS 初始化设置

GPS 安装或内存中系统数据清空后初次定位时，为了保证 GPS 更好地满足航行安全的需要，用户需进行 GPS 初始化设置，内容包括：

1. 定位模式（fix mode）。某些 GPS 导航仪可选择 2D/3D（二维/三维）定位或 2D（二维）定位。在 2D/3D 定位模式中，GPS 可根据接收到卫星的数目自动选择定位模式，当可用卫星数目≥4 时，可三维定位；可用卫星数目＝3 时，可二维定位；而 2D 定位是强制使用二维定位，该模式下必须准确输入 GPS 的天线高度。

2. 天线高度（ant height）。在 2D 定位模式时，需输入水线以上的天线高度，以获得准确船位。在 2D/3D 定位模式中，当由 3D 定位模式自动转换为 2D 定位模式时，此时的 3D 定位高度值可作为 2D 定位模式的天线高度。

3. 不可用卫星（disable satellite）。在某些 GPS 中，可根据当前已接收卫星的状态，查找出不可用卫星的编号，经初始化设定，可将不可用卫星屏蔽掉，提高定位速度及精度，如图 1-7-7 所示。

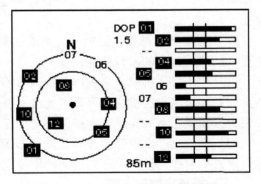

图 1-7-7 GPS-31 卫星状态界面

4. 初始船位设置（position）。通过设置 GPS 的当前近似船位，可减少 GPS 定位时间。

5. 位置偏移量（position offset）。当海图坐标系与 GPS 坐标系不一致时，用来修正 GPS 位置与海图配置的偏差。例如，某些航用海图没有标明海图坐标系，只有当前海图坐标系与"WGS-84"的偏差，用户只需输入海图上的偏差值即可。

6. 平均速度（speed average）。用于计算给定时间段的船舶平均速度，计算船舶预计到达目的地的时间（ETA）和所需航行时间（TTG）。如果输入过大或过小，均会导致计算误差，默认数值为 1 min。

7. 位置平滑常数（smoothing position）。当卫星接收条件不理想时，GPS 的定位数据可能变化的幅度会发生很大的变化，影响 GPS 的使用。此时在位置平滑常数中输入相应的数值，减少这种变化。但是数值太大又会影响 GPS 船位数据更新的时间。

8. 速度平滑常数（smoothing speed）。在定位期间，可通过接收卫星信号测量船舶的速度和航向。但由于接收条件或其他因素的原因，通过 GPS 获取的船舶速度和航向可能会产生随机的变化，使之不稳定，可通过设定速度平滑常数减少随机变化的发生。

9. 接收机性能完善监测功能开关（RAIM function）。打开或关闭接收机性能完善监测功能。接收机性能完善监测是接收机所具有的一种自诊断功能，测试卫星信号的准确性，并以字符的形式通过显示器提示用户。例如："Safe"表示 GPS 信号安全可以使用；"Caution"表示性能监视的准确性低或性能监视测功能不可用；"Unsafe"表示 GPS 信号不安全，不可使用。

10. 接收机性能完善监测准确性（RAIM accuracy）。按照用户的需求，设置性能检测的范围。

11. 水平精度因子（HDOP）。它反映经度与纬度的几何误差。HDOP 数值越小，定位精度越高；一般设置为 10。

（四）北斗卫星导航系统初始化设置

北斗系统的设置相比较 GPS 系统要简单得多，系统设置中包括：设置时间和日期、重启定位通信单元、恢复出厂设置等。

1. 设置显示的时间。每间隔 1 h，显控单元会通过定位通信单元进行自动对时，如果失败，可以通过手动调节来更改时间。

2. 当定位通信单元出现故障时，可以通过此功能重启定位通信单元，再次进行定位。

3. 恢复出厂设置操作会删除所有的用户数据，并将显控单元的设置恢复到出厂时的状态。恢复出厂设置时清空的内容有短信、联系人、航迹、标位。

（五）转向点的设置及航路点导航

若要使用导航功能，必须输入船舶从起始点到目的地之间需要经过的转向点（航路点），以便于导航监测和编制航线。航路点数据包括：名称和经纬度（位置）。输入多个航路点后，可构成航路点列表。

当启动航路点导航功能时，将提供当前船位与下一航路点间的方位、距离和到达时间。

航线设置前，先在海图上或现有航路点中，按照航线的顺序依次选择转向点，然后将航路点输入卫星导航仪中。

（六）航线（航迹）的设置及航线导航

航线由导航仪接收机内所存储的一系列的转向点（航路点）组成。船舶在航行过程中，依照驾驶员预先设定的航路点组成航线，并逐个驶过各个航路点到达目的地，称之为航线导航。

当启动航线导航功能时，系统会提供当前船位偏离航线距离（XTE）和预计到达目的地的时间（ETA）。

（七）报警功能

卫星导航仪按照用户设置的报警种类发出警报。主要报警种类有：

1. 到达警和锚更警（arrival/anchor watch alarm）

到达警作用，当本船离转向点或目的地的距离小于到达警设置的范围时，GPS 卫星导航仪发出警报声，并出现"ARV ALARM!"字样和警报图标，提示用户即将接近目标（图 1-7-8）。

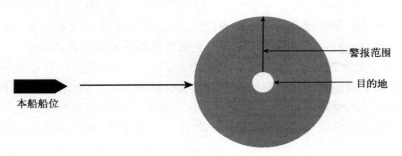

图 1-7-8　到达警示意

锚更警作用，在船舶锚泊期间，当船舶偏移锚泊警所设置的数值时，GPS 卫星导航仪发出警报声，并出现"ANC ALARM!"字样和警报图标，提示船舶可能走锚（图 1-7-9）。

注意：到达警和锚更警不可同时使用。设定到达警前，需要确定下一个转向点或目的地；而锚更警打开前，需确定本船的锚位。

2. 偏航警和边界警（Off-Course/XTE/boundary alarm）

偏航警的作用为当本船偏离预计航线一定范围时，GPS 卫星导航仪发出警报声并出现"XTE ERROR!"字样和警报图标（图 1-7-10）。

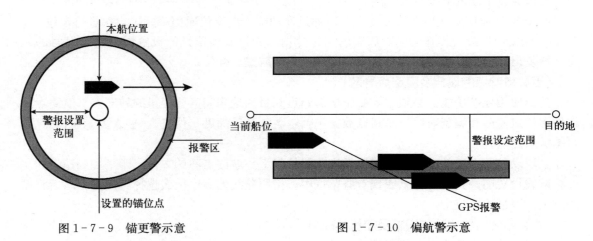

图 1-7-9　锚更警示意　　　　　　　　图 1-7-10　偏航警示意

边界警报的作用为当本船进入预计航线为中心所设定的范围时，GPS 卫星导航仪发出警报声并出现"BOUNDARY ALAEM!"字样和警报图标（图 1-7-11）。

3. 速度警（speed alarm）

当本船速度高于或低于设定警报范围时，GPS 卫星导航仪发出警报声并出现"SPD A-

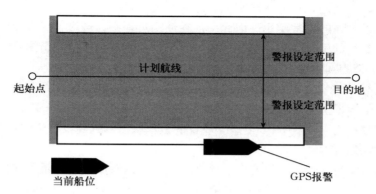

图 1-7-11 边界警示意

LARM!"字样和警报图标。一般有三种选项：HI（高）、LO（低）、OFF（关闭）。

4. DGPS 警（DGPS alarm）

当 DGPS 信标信号丢失时，GPS 卫星导航仪发出警报声并出现"DGPS ALARM!"字样和警报图标。

5. 航程警（trip distance alarm）

当本船航行距离大于用户设定的航程警报的距离时，GPS 卫星导航仪发出警报声并出现"TRIP ALARM!"字样和警报图标。

（八）定位功能

在航海上，卫星导航仪的主要作用就是用来获取本船的船位，也就是定位功能。用户在使用定位功能之前，需要根据说明书及航行状况的需要，进行相关初始化设置，通过显示方式转换键进入导航数据显示方式（图 1-7-12），对于 GPS 导航系统请注意屏幕是否有 3D 或 2D 的字样，确定本船是否已成功定位，再根据屏幕显示的经纬度确定本船的船位。

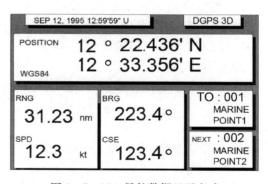

图 1-7-12 导航数据显示方式

（九）关机操作

关机时，用户在本次开机状态所进行的任何设置会自动保存，且在用户下次开机后，显示器会进入用户上次操作所使用的显示方式界面。

开机状态下，只需要按[POWER]/[开/关]键一次或持续按[POWER]/[开/关]键 2~5 s，即可关机。

某些厂家的设备（如 JRC、KODEN）关闭 GPS 接收机时，只用[POWER]键无法实现，此时需要[POWER]+[OFF]组合使用才能完成关机操作。

注意：关机后，最好 10 s 以后再开机。

三、工作状态判断

由于卫星导航仪集成化高、结构紧凑，制造工艺精密，其工作性能稳定，具有完善的自

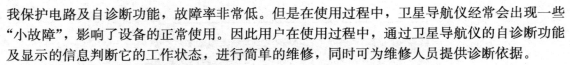

我保护电路及自诊断功能，故障率非常低。但是在使用过程中，卫星导航仪经常会出现一些"小故障"，影响了设备的正常使用。因此用户在使用过程中，通过卫星导航仪的自诊断功能及显示的信息判断它的工作状态，进行简单的维修，同时可为维修人员提供诊断依据。

（一）启动状态的判断

GPS卫星导航仪开机2 min后，通过显示方式转换键或转换菜单，转换到导航数据显示方式，并注意观察屏幕上是否有"2D"或"3D"定位模式（图1-7-1），若没有，可能表明还未定位，此时我们可查看GPS卫星导航仪的卫星状态，判断没有定位成功的原因。

（二）卫星状态的判断

卫星导航仪启动后，长时间没有定位成功，我们可以参照上述卫星导航仪操作部分或查看说明书，调出当前接收卫星的状态，查看接收到卫星的个数、信号质量。若信号质量差或无信号，可能是导致卫星导航仪无法定位的主要原因。一般是由天线单元损坏、天线接头脱落或锈蚀、天线电缆老化等原因造成。

四、GPS 的一般操作

下面以JLR-7700MKⅡ为例介绍GPS的一般操作。

（一）JLR-7700MKⅡ菜单介绍

此款GPS大多数操作基本是通过功能菜单与控制面板上相对应的功能菜单键来实现，具体如图1-7-13所示。下面简要介绍一下各菜单内容：

"NAVIGATE"表示进入导航信息，在AUX菜单下可设置单位、GPS的数据输出格式等。

"PLOT"表示进入标绘显示模式，在"AUX"菜单下可设置GPS坐标系。

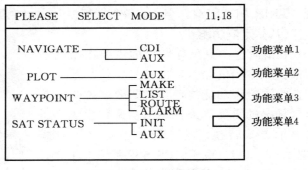

图1-7-13　功能菜单

"WAYPOINT"表示航路的相关设置，可设置航路点、航线、报警信息等。

"SAT STATUS"表示查看卫星状态，可进行初始船位设置、HDOP值设置、定位模式设置等。

注意：因该款GPS卫星导航仪具有安全锁功能，所以无论在哪种界面下，若要进入AUX的相关菜单，需要输入密码，密码为：依次按［▲］键、［◄］键、［1］键、［0］键、［ENT］键（后面的操作部分省略该密码输入）。

（二）JLR-7700MKⅡ启动

1. 启动

（1）打开GPS直流供电电源。

（2）短按GPS控制面板［PWR/DIM］键（图1-7-14），GPS启动。开机后，GPS首先会检测ROM（只读存储器）、RAM（可擦写存储器）、Sensor（传感器）等相关自检，并将结果显示在屏幕上，按任意键退出自检画面。一般情况下，开机1～2 min后，屏幕会显示精确的船位。

（3）显示屏亮度（backlight）和对比度（contrast）调整。同时按［CONT］键和［INC］键，增加屏幕对比度；同时按［CONT］键和［DEC］键减小屏幕对比度。

按［DIM］键调整屏幕背景亮度，范围为：Low-High-Off（低-高-关闭）。

注意：由于受背景发光管的使用寿命限制，尽量不要调节至 High，且开机时默认为 Off。

在 JLR-7700MKⅡ中，已经没有单独的 GPS 初始化或系统初始化菜单，用户可通过 Navigate 菜单修改单位的符号或 SAT Status 查看卫星状态，可进行初始船位设置、HDOP 值设置、定位模式设置等，评估或训练时，可根据需要分为导航信息设置与 GPS 初始化设置。

图 1-7-14 控制面板

2. 导航信息设置

（1）按［MODE］键进入功能菜单窗口。

（2）按［NAVIAGTE］对应的功能键［1］，进入导航信息窗口（图 1-7-15）。

（3）按［AUX］对应的功能键［4］并输入密码，进入导航附加信息窗口（图 1-7-16）。

（4）MAG CORR。磁差修正，如果 GPS 卫星导航仪使用磁航向，需要进行磁差修正，本机提供（AUTO）自动或 MAN（手动）修正两种方法。

① 按功能键［1］，移动光标选择 AUTO 或 MAN。选 MAN 时，用户需要查看当前海图的磁差值进行修改。

② 选择 MAN 后，可用键盘的数字键输入数值，按功能键［E/W］进行符号转换。

③ 在图 1-7-15 中，BRG（方位）330°m，其中，m 表示当前使用的磁方位，BRG330°则表示当前使用的是真方位。

（5）DISP UNIT。显示单位为 kt、n mile（速度单位用节，航程单位用海里），km（速度单位用千米每小时，航程单位用千米），可使用功能键［2］进行调整。

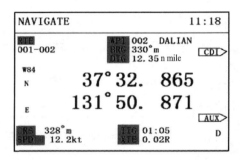

图 1-7-15 导航信息窗口

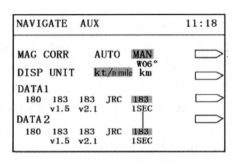

图 1-7-16 导航附加信息窗口

（6）DATA1 和 DATA2。表示 GPS 作为外传感器时输出的数据格式及电平的大小。用户可根据 GPS 卫星导航仪的输出端口和所连接设备需要的信号格式及电平大小，使用功能键［3］或功能键［4］选择相应的选项。

3. GPS 初始化设置

（1）按［MODE］键进入功能菜单窗口。

（2）按［SAT STATUS］对应的功能键［4］进入卫星状态窗口（图1-7-17）。

（3）按［CDI］对应的功能键进入初始化设置窗口（图1-7-18）。

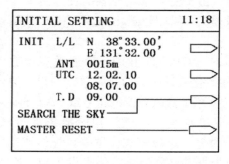

图1-7-17　卫星状态窗口　　　　　图1-7-18　初始化设置窗口

① INIT L/L：初始船位设置，按数字键输入本船当前近似船位值，并按［N/S］功能键或［E/W］功能键进行符号的转换。

② ANT：天线高度，输入准确的天线高度，提高定位精度。

③ UTC：协调世界时（年/月/日；小时/分/秒）。

④ T.D：时差，输入世界时与地方时的差值，按数字键输入相差的数值，并按［＋］或［－］进行符号的转换。

⑤ SEARCH THE SKY：搜索卫星，当船舶在很长一段时间内出现重复性定位失败或无法获取当前近似船位时，自动搜索卫星。

⑥ MASTER RESET：主机恢复出厂设置。先关机，然后开机时同时按住［1］键和［PWR］键；再按［MASTER RESET］对应的功能键，按［ENT］键确认。

注意：恢复出厂设置时，所有的航路点信息也会丢失。

（4）返回卫星信息状态窗口，按［AUX］对应的功能键［4］并输入密码，进入卫星附加信息窗口（图1-7-19）。

① RESPONSE：设置响应时间，同前面讲的平滑常数的概念。可通过其相应的功能键进行修改。

② HDOP LEVEL：水平精度因子设置，默认数值为20；若当时接收卫星区域大且卫星信号的质量高，可适当降低 HDOP 值。可通过其相应的功能键进行修改。

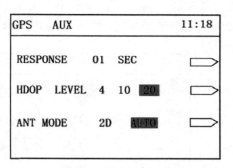

图1-7-19　卫星附加信息窗口

③ ANT MODE：定位模式，2D 表示二维定位，AUTO 表示二维、三维定位模式自动转换，可通过其相应的功能键进行修改。

4. 坐标系选择

（1）按［MODE］键进入功能菜单窗口。

（2）按［PLOT］对应的功能键［2］进入标绘窗口（图1-7-20）。

（3）按［AUX］对应的功能键并输入密码，进入标绘附加信息设置窗口（图1-7-21）。

（4）在 GEODETIC SYSTEM 中根据当前所用海图坐标系，按功能键进行修改。

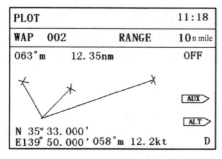

图1-7-20 标绘窗口

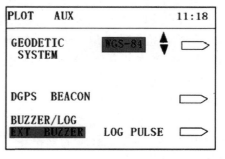

图1-7-21 标绘附加信息窗口

（三）JLR-7700MKⅡ导航功能的使用

1. 航路点（WAYPOINT）的设置

JLR-7700MKⅡ可存储499个航路点，设置航路点方法有三种：直接存储当前位置，当本船通过渔区或浮标时，通过按［EVENT］键实现；输入经纬度，直接输入从海图或其他导航信息获得的经纬度；输入航路点距当前船位的距离和方位，只有选择大圆航线才能使用此方法。

具体方法如下：

（1）输入航路点的编号。

① 按［MODE］键进入功能菜单窗口。

② 按［WAYPOINT］对应的功能键［3］进入航路点窗口（图1-7-22）。

③ 按［MAKE］对应的功能键［1］进入航路点设置窗口（图1-7-23）。

④ 确定输入航路点的编号后，按［WPT NUMBER］对应的功能键，航路点编号进入可编辑状态再输入相关编号的数值即可。例如输入010，按［0］［1］［0］键，再按［ENT］键确认。

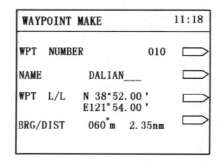

图1-7-22 航路点窗口　　　　　图1-7-23 航路点设置窗口

（2）输入航路点的名称。在航路点设置窗口中，按［NAME］对应的功能键［2］，航路点名称进入可编辑状态，并在屏幕左下角出现一个屏幕软键盘，通过控制面板的方向键选择所要输入相关的字符，并按［ENT］键确认。

注意：最多只能输入 8 位字符。若输入字符错误，可按［CLR］键和［NAME］对应的功能键［2］。

（3）输入航路点位置信息。

① 输入航路点经纬度。在航路点设置窗口中，按［WPT L/L］对应的功能键［3］，航路点经纬度进入可编辑状态，按数字键输入相关经纬度数字，按［ENT］键确认。

② 输入与当前位置的方位和距离。在航路点设置窗口中，按［BRG/DIST］对应的功能键［4］，下一航路点的方位和距离信息进入可编辑状态，按数字键输入方位和距离的数值，并按［ENT］键确认。

（4）删除航路点。

① 按［MODE］键进入功能菜单窗口。

② 按［WAYPOINT］对应的功能键［3］，进入航路点窗口。

③ 按［LIST］对应的功能键［2］，进入航路点列表窗口（图 1-7-24）。

④ 用上、下方向键或在航路点进入编辑状态前按［GOTO］键，选择需要删除的航路点的编号。

⑤ 按［CLR］键和［ENT］键，删除所选择的航路点信息。

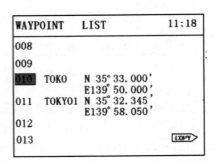

图 1-7-24　航路点列表窗口

2. 航线计划（ROUTE PLAN）的设置

（1）设置航线计划的方法。

① 按［MODE］键进入功能菜单窗口。

② 按［WAYPOINT］对应的功能键［3］，进入航路点窗口。

③ 按［ROUTE］对应的功能键［3］，进入航线列表窗口（图 1-7-25）。

④ 按［ROUTE SEQ］对应的功能键［1］，航线进入编辑状态，在 STT 下面按起始航路点编号对应的数字键，在 END 下面按目的地航路点编号对应的数字键，按［ENT］键确认。

（2）删除航线计划的方法。在航线列表窗口中，当航线处于编辑状态时，按［CLR］键将原航路点编号改为"XXX—XXX"，即可删除该条航线。

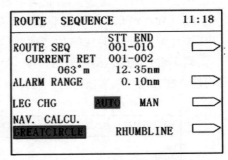

图 1-7-25　航线列表窗口

3. 导航

设定目的地后，可实现 GPS 进行导航功能。例如：从当前船位到航路点编号 003 的目的地，在导航信息窗口中，按［GOTO］、［0］、［0］、［3］键，最后按［ENT］键确认。

（四）JLR-7700MKⅡ监控功能（报警功能）

1. 按［MODE］键进入功能菜单窗口。

2. 按［WAYPOINT］键对应的功能键［3］进入航路点窗口。

3. 按［ALARM］键对应的功能键［3］进入报警范围设定窗口（图1-7-26）。

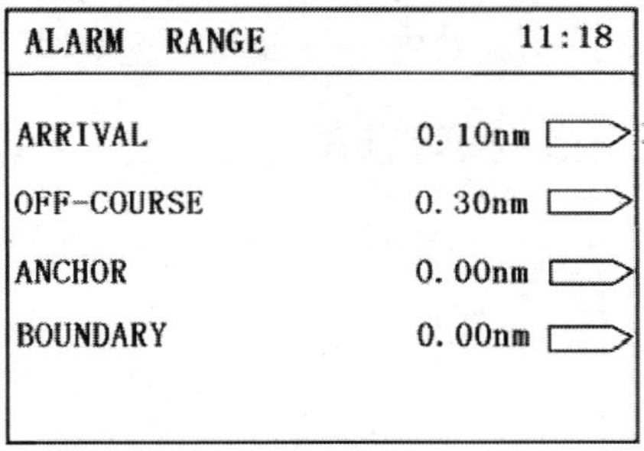

（1）Arrival（到达警）。按［ARRIVAL］对应的功能键［1］，到达警的范围进入编辑状态，按需要设置报警范围的数值对应的数字键，最后按［ENT］键确认。

（2）Off-Course（偏航警）。按［OFF-COURSE］对应的功能键［2］，偏航警的范围进入编辑状态，按需要设置报警范围的数值对应的数字键，最后按［ENT］键确认。

ALARM　RANGE	11:18
ARRIVAL	0.10nm ▷
OFF-COURSE	0.30nm ▷
ANCHOR	0.00nm ▷
BOUNDARY	0.00nm ▷

图1-7-26　报警范围设置窗口

（3）Anchor（锚更警）。按［ANCHOR］对应的功能键［3］，锚更警的范围进入编辑状态，按需要设置报警范围的数值对应的数字键，最后按［ENT］键确认。

（4）Boundary（边界警）。按［BOUNDARY］对应的功能键［4］，边界警的范围进入编辑状态，按需要设置报警范围的数值对应的数字键，最后按［ENT］键确认。

注意：

① 到达警和锚更警不能同时使用，偏航警和边界警不能同时使用。

② 若报警的范围设为0，则表示关闭报警功能。

③ 当报警以后，可按［CLR］键关闭报警的声音，但只要满足报警的条件，屏幕的报警提示就不会关闭。

（五）JLR-7700MKⅡ定位功能

1. 按照前面介绍的进行GPS的相关初始化设置。

2. 进入卫星状态窗口，查看当前的卫星状态，并确定卫星已经定位。

3. 按［MODE］键进入功能菜单窗口。

4. 按［NAVIAGTE］对应的功能键［1］进入导航信息窗口，查看当前船位。

（六）JLR-7700MKⅡ关机

1. 同时按住GPS卫星导航仪接收机［PWR/DIM］键和［OFF］键，GPS自动断电。

2. 关闭直流供电电源。

实验七　GPS卫星导航系统操作

一、实验目的

了解GPS卫星导航仪的基本组成，学习使用该设备，掌握正确的操作步骤。通过实验，对学生进行基本技能训练。巩固和加强学生对理论知识的理解，提高分析和解决实际问题及GPS卫星导航系统设备应用的综合能力。

二、实验内容

1. 了解GPS卫星导航仪的基本组成及各部分作用。

2. 掌握GPS设备的开关机方法。

3. 掌握 GPS 设备系统初始化和 GPS 初始化的操作方法及数据输入要求。

4. 掌握 GPS 设备导航功能的应用。

5. 掌握 GPS 设备报警功能的应用。

三、实验前的准备

复习《航海仪器（上册：船舶导航设备）》教材第五章的内容，预习本次实验内容。

四、实验过程

1. 启动

（1）接通船舶直流电源，开启卫星导航仪，调整对比度和亮度至满意为止。

（2）根据系统运行状况，做 GPS 初始化和系统初始化设置。

（3）设置三个航路点并建立航线。

（4）GPS 监控功能的设置及使用。

（5）GPS 导航功能使用。

2. 关机

关闭船舶直流电源，直到电源关闭为止。

3. 要求学生分组完成操作，并完成实验报告。

五、注意事项

1. 实验设备的使用要求严格按程序进行，任何人未经许可，不得在实验过程中打开设备，以免发生其他问题。

2. 实验过程中如遇到异常现象，应立即关机并报告实验指导教师处理。

六、实验报告

1. GPS 的启动过程。

2. 引出 GPS 的报警功能，并说出设置 0.5 n mile 到达警的具体步骤。

3. 调整 GPS 的坐标系的具体步骤，并说出坐标系设定的原则。

4. 查看 GPS 卫星状态的具体步骤，并说出哪些不可使用卫星的编号。

5. 设置设定以下三个航路点：

WP1：38°54.00′N；121°33.00′E

WP2：38°58.00′N；121°35.00′E

WP3：39°02.00′N；121°37.00′E

利用已设定的三个航路点设置计划航线。

第八节　船舶自动识别系统

船舶自动识别系统（automatic identification system，AIS）是在甚高频（VHF）海上移动频段采用时分多址接入技术，自动广播和接收船舶静态信息、动态信息、航次信息和安全消息，实现船舶识别、监视和通信的系统。目前，AIS 作为雷达的补充，是用作船舶之间避碰和自动交换信息的重要助航工具。

一、AIS 主要控钮的作用及其使用注意事项

（一）AIS 的结构

一般来说，典型的船载 AIS 设备如图 1-8-1 所示，包括 AIS 主机和外围设备。

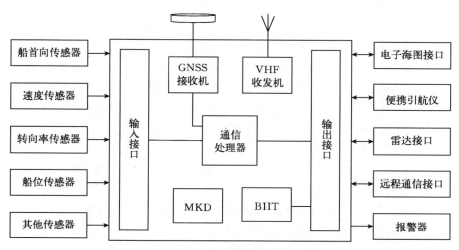

图 1-8-1　AIS 设备组成

外围设备包括船舶运动参数传感器和显示、通信及警报设备。

船舶运动参数传感器有船首向传感器，一般为陀螺罗经；船舶对地速度传感器，一般为计程仪或全球导航卫星系统（GNSS）接收机；船舶旋回速率传感器，一般为船舶转向仪或陀螺罗经，有的船舶未配备或不能提供此数据；GNSS 接收机，目前以 GPS 接收机为主。此外，如果具备条件，反映船舶姿态等的其他传感器的信号也应通过输入接口与 AIS 设备主机连接。

AIS 信息还可以显示在其他航海仪器的显示终端上，如电子海图显示与信息系统（EC-DIS）、雷达等，能够有效地增强它们的功能。AIS 设备主机设有便携式引航仪（personal pilot units，PPU）接口，能够与引航员的便携引航设备或计算机连接。如果将 AIS 数据输出到 VDR 保留，则可以方便日后调查取证和研究。如果将 AIS 设备主机与远程通信终端设备（如 GMDSS 或卫星通信站）连接，则 AIS 数据的传输距离可以不受 VHF 通信距离的限制，但 B 类 AIS 设备不强制具备远程通信功能。AIS 设备及功能的警报可以通过表示接口（presentation interface，PI）输出，以触发外置警报器。

船载 AIS 设备主机由通信处理器、内置（差分）卫星定位接收机、VHF 数据通信机（1 台 VHF TDMA 发射机、2 台 VHF TDMA 接收机和 1 台 VHF DSC 接收机）、内置完善性测试（BIIT）模块、船舶运动参数传感器输入接口、数据输出接口以及简易键盘与显示（MKD）单元等组成。

AIS 设备内部都集成了 GNSS 接收机，用以提供本船船位、对地航速/航向以及定时基准。A 类设备往往还配备外接 GNSS 接收机提供以上信号，当外接设备信号中断时，自动切换内部接收机。

MKD 是 AIS 设备的人机交互界面，满足 IMO 的最低配置要求，操作者通过简易键盘可以将信息输入到 AIS 设备，显示屏能够以最少三行文字显示信息。

（二）AIS 的主要控钮

AIS 设备通常有以下几种主要控钮，参见表 1-8-1 所示。

表 1-8-1 AIS 船载设备的主要控钮

控钮	功能说明
Power	显示器的电源开关，主要是在开机、关机时使用
Display	显示按钮。主要有两个作用：①用来调整亮度及对比度，可以快速设置背景光、对比度、LED 亮度和按键亮度等；②在不同的航行环境下，连续循环按动显示转换键，可以选择最适合的显示方式
Status	可以在本设备上快速设置本船航行状态，而且要求当船舶航行状态发生变化时要及时修改
Mode	用于选择显示模式：AIS 模式主要是用来显示和读取 AIS 船舶数据，配置模式主要是用于对数据的设置及修改
字母数字键	主要用来输入字母、数字和各种符号，按下指定的按钮，将显示字母及符号
Page	主要是显示下一页的数据或信息
Enter	确认按钮。用于执行光标位置所显示的操作项目或数据输入及数据修改
Esc	返回到上一页面，或保存数据修改前的数值
∧∨<>	上下左右移动键，用于移动光标或删除先前的数据
Menu	菜单按钮。在任何模式下按此键均可返回菜单，同时显示菜单中的内容
Function keys	功能键。按对应屏幕上的各键可以完成按键的功能

（三）使用注意事项

1. 操作者在使用接收机前，必须认真阅读接收机使用说明书及有关资料。首次操作时，必须有熟悉该机性能并能正确操作该机的人员在场指导。

2. 每台接收机均应设置专用记录本，由船上有关人员认真填写。记录内容包括：

（1）安装时间，承装单位和负责人员名单，验收情况。

（2）开机和关机的时间及地点，使用接收机的情况及实际工作时间。

（3）故障产生的年、月、日、时，故障现象，实际修理时间，检修处理情况，承修单位及修理人员名单等。

3. AIS 电源按键不应频繁启闭，一般启闭间隔时间应大于 5 s，以免损坏设备。

4. 船舶在航行中，AIS 设备应连续工作，严禁关机。一旦 AIS 关机，再开启后应能在 2 min 内进入正常工作状态。

5. 在某些特殊的应用中，需要输入其他信号数据时，输入给 AIS 设备的数据精度应符合说明书要求。

6. 使用 AIS 时，显示屏亮度调节不宜过亮，以能清晰读取显示数据为准。

二、AIS 操作

AIS 船载设备生产厂家及设备型号众多，不同设备的操作界面差别较大，但所有设备都应满足国际相关标准，其功能和显示的内容基本相同，操作也大同小异。

（一）电源

AIS 系统多采用直流电源，对于 A 类 AIS 及相关传感器，应由主电源和应急电源供电，且能自动切换。船舶无论是航行、抛锚还是其他状态，AIS 船载设备都应在开机状态。然而由于 AIS 设备的连续工作可能威胁船舶安全时（如在海盗出没海域航行），船长可以决定关闭设备。一旦危险因素排除，设备应重新开启。AIS 设备关闭时，静态数据和与航行有关的信息会被保存下来。接通设备的电源后，AIS 信息将在 2 min 之内发送。电源的开关时间通常作为安全记录被设备自动保存，并应记录在航海日志中。在港内，设备的操作应符合港口的规定。

（二）按键

AIS 设备采用 MKD 键盘配置，按键非常简洁，如图 1-8-2 所示，通常有光标位移导航键"⊙"、确认键［ENT］、菜单键［MENU］、显示转换键［DISP］［NAV STATUS］功能键和电源键［PWR］等，稍复杂的还可包括 10 个字母数字按键、＊键、♯键等。在需要输入文字信息时，有的 AIS 设备可以在屏幕上显示英文软键盘。光标位移导航键用于移动光标在屏幕的位置；确认键用于执行光标

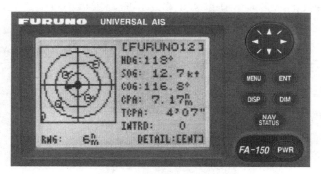

图 1-8-2 MKD 键盘配置

位置所显示的操作项目或数据输入；借助菜单键操作可以完成设备的设置或执行各项功能；在不同的航行环境下，连续循环按动显示转换键，可以选择最适合的显示方式。

（三）显示

1. 目标数据显示

常见的最小显示器为嵌入的 LCD 显示屏幕，按照国际标准，对于选定的目标至少提供 3 行数据，包括目标的方位、距离和船名，其他数据可以滚动显示。ARPA（自动雷达标绘仪）和 ECDIS 屏幕大，适合字母数字数据的显示，通常能够同时显示多个目标的 AIS 数据，也便于数据分析与信息编辑。

2. 本船数据显示

在此模式下，显示器显示本船动态信息和航次信息，并可以输入和编辑航次信息。

3. 安全相关短消息

所谓安全相关短消息亦称安全短消息，可以是固定格式的，也可以是驾驶员输入的自由格式的与航行安全相关的文本消息。当收到短信息时，屏幕会有报警提示，阅读后的信息会被保存，并可以反复调用和阅读或删除。通过按键或软键盘的操作，还可以输入、编辑和存储短信息，并以寻址或广播方式发送。寻址发送时可选择 MMSI 码、信息类型（安全或文本）、信道（自动、A 信道、B 信道和 A&B 信道）。发射的信息通常被设备自动记录保存，发射不成功，则屏幕出现提示信息。所有已阅读和发送的信息可以按照时间列表显示。

4. 报警信息查验

设备可以确认、显示和查询报警信息，包括内外置定位设备状态、各传感器信息报警、收发信息报警等。显示的报警信息有报警时间、报警编号、报警条件、报警的确认状态、报

警的描述文字等内容。通过报警信息可以掌握设备的工作状态，及时了解或消除设备故障，保证系统正常运行。

（四）船舶 AIS 信息分类

AIS 设备自动发送和接收规定格式的文本信息，根据国际标准，船舶 AIS 信息可分为静态信息、动态信息、航次相关信息和安全相关短消息等四类。

1. 静态信息

所谓静态信息是指 AIS 设备正常使用时，通常不需要变更的信息。静态信息在设备安装结束时由安装技术人员设置，在船舶买卖移交时需要重新设定。在修改静态信息时，一般需要输入密码。在设备正常工作时驾驶员不可随意更改此项设置。

AIS 船载设备的静态信息如表 1-8-2 所示。

表 1-8-2　AIS 船载设备的静态信息

信息标称	输入方式	输入时机	更新时机
MMSI	人工输入	设备安装	船舶变更国籍买卖移交时
呼号和船名	人工输入	设备安装	船舶更名时
IMO 编号（有的船没有）	人工输入	设备安装	无变更
船长和船宽	人工输入	设备安装	若改变，重新输入
船舶类型	人工输入	设备安装	若改变，重新选择
定位天线的位置	人工输入	设备安装	双向船舶换向行驶时或定位天线位置改变时

表 1-8-2 中的 MMSI 为海上移动业务识别码，AIS 设备仅在写入 MMSI 的时候，才能发射信息。

在 AIS 设备中关于船舶种类，依设备厂家型号不同有多项可选项，参见表 1-8-3。

表 1-8-3　AIS 船载设备的船舶类型名称

船舶类型（英文）	船舶类型（中文）	船舶类型（英文）	船舶类型（中文）
passenger ship	客船	pleasure craft	休闲游艇
cargo ship	货船	HSC	高速船
tanker	油船	pilot vessel	引航船
WIG	飞翼	search and rescue vessel	搜救船
fishing vessel	渔船	TUG	拖轮
towing vessel	拖带船	port tender	港口供应船
towing vessel L>200 m B>25 m	拖带船　长>200 m 宽>25 m	with anti-pollution equipment	防污染设备船
dredge/underwater operation	挖泥/水下作业船	law enforcement vessel	法律强制船
vessel-diving operation	潜水作业船	medical transports	医务运输船
vessel-military operation	军事作业船	resolution No. 18 MOB-83	18 号决议规定的船
sailing vessel	帆船	other type of ship	其他种类船舶

定位天线的位置应输入 GNSS 天线到船首尾和左右舷的距离。

AIS 在开机后 2 min 内，发射本船的静态数据。静态信息在有更改或有请求时每隔

6 min重发一次。

2. 动态信息

所谓动态信息是指能通过传感器自动更新的船舶运动参数，AIS船载设备动态信息，参见表1-8-4。

表1-8-4 AIS船载设备的动态信息

信息标称	信息来源	更新方式	备注
船位	GNSS	自动	附精度/完善性状态信息
UTC时间	GNSS	自动	附精度/完善性状态信息
COG（对地航向）	计程仪或GNSS	自动	可能缺失
SOG（对地航速）	计程仪或GNSS	自动	可能缺失
船首向	陀螺罗经	自动	
ROT（旋回速率）	ROT传感器或陀螺罗经	自动	可不提供
（选项）首倾角	相应传感器	自动	可不提供
（选项）纵倾/横摇	相应传感器	自动	可不提供

动态信息包括船位信息、UTC时间、对地航速/航向、船首向、船舶旋回速率（如果有）、吃水差（如果有）等，以及纵倾与横摇（如果有）。通过这些信息，能够掌握船舶的实时航行状态。

3. 航次相关信息

所谓航次相关信息亦称航行相关信息，是指驾驶员输入的随航次而更新的船舶货运信息。航次相关信息在船舶装卸货物后开航前或出现变化的任何时候由驾驶员设置。设置该信息时，有的设备需要密码。应注意的是，设置ETA和航线计划需经船长同意。参见表1-8-5。

表1-8-5 AIS船载设备的主要控钮

信息标称	输入方式	输入时机	信息内容	更新时机	备注
船舶吃水	手动输入	开航前	开航前最大吃水	根据需要	
危险品货物	手动选择	开航前	危险品货物种类	货物装卸后	主管机关要求时
目的港/ETA	手动输入	开航前	港口名和时间	变化时	经船长同意
航线计划	手动输入	开航前	转向点描述	变化时	经船长同意
航行状态	选择更改	开航前		变化时	

其中航行状态，参见表1-8-6。

表1-8-6 AIS船载设备的航行状态

航行状态（英文）	航行状态（中文）	航行状态（英文）	航行状态（中文）
under way using engine	有机在航	moored	系泊
under way sailing	驶风在航	aground	搁浅
at anchor	锚泊	engaged in fishing	从事捕鱼
not under command	失控	reserved for HSC	高速船留用
restricted maneuverability	操纵能力受限	reserved for wig	飞翼船留用
constrained by her draught	吃水受限	not defined	未定义

有的设备航次相关信息包括了更多的内容，如 ETD、船员人数等。

（五）AIS 的一般操作

下面以 R4 - AIS 为例介绍 AIS 的一般操作。

1. 开机/关机及各按钮的作用

R4 - AIS 显示器设备如图 1 - 8 - 3 和表 1 - 8 - 7 所示。

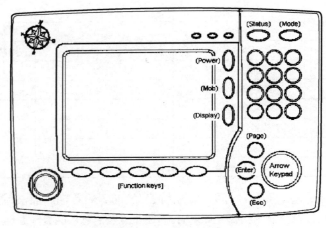

图 1 - 8 - 3 R4 - AIS 显示器

表 1 - 8 - 7 AIS 船载设备的按钮功能

按钮	功能说明
Power	显示器电源开关。开机时，按此键 1 s；关机时，要按住此键持续 3 s
Display	可以快速设置背景光、对比度、LED 亮度和按键亮度。可以使用两套独立的配置功能，分别供白天和夜间使用
Status	可以在本设备上快速设置本船航行状态
Mode	用于选择显示模式：AIS 模式、配置模式
字母数字键	这些按键用于输入信息、密码等
Page	显示在某一界面下，Function keys 的具体功能
Enter	具有启动编辑功能和数据收到确认功能
Esc	返回到上一页面或保存数据修改前的数值
∧ ∨	上下移动加亮区域
＜＞	左右移动加亮区域
Function keys	功能键。不同的界面，这些键有不同的功能

2. 调整显示器亮度和对比度

在显示屏设置界面中，用户可以设置显示屏的背景光、对比度、LED 亮度、按键亮度和设置显示屏的白天或夜间模式，如图 1 - 8 - 4 所示。

改变白天或夜间显示模式，请按功能键［Switch to Day/Night］。

按［Contrast］并通过［左右］增加/减小对比度数值，如图 1 - 8 - 5 所示。

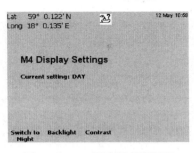

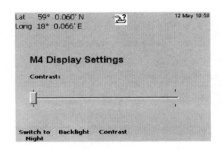

图 1-8-4 显示器亮度调整　　　　图 1-8-5 显示器对比度调整

按［Backlight］并通过［左右］键增加/减小背景光数值，如图 1-8-6 所示。

3. 读取目标信息

R4 显示器支持目标列表界面，如图 1-8-7 所示。该界面也称为最小显示，按距离分类列表显示所有目标（第一条目标是距离本船最近的目标）。每一列表信息包括 MMSI 码、船名、距离（RNG）和方位（BRG）。通过点击功能键［Sort By Bearing］/［Sort By Range］，列表以方位或距离分类显示。如果列表以方位分类显示，起始方位为本船的对地航向。每一方位区覆盖 30°，该区域可以通过使用功能键［−15°←］和［+15°→］，以 15°的幅度移动其覆盖范围。

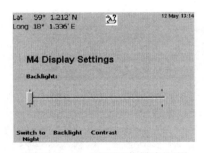

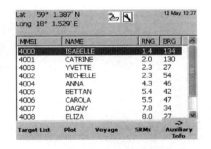

图 1-8-6 显示器背景光调整　　　　图 1-8-7 目标数据读取

如果要查看目标列表中的更多信息，用［上下］键选择相应的船舶，然后按功能键［Extended Info］或［Enter］，如图 1-8-8 所示。该信息界面显示了选定目标的静态、动态和航次相关数据。按［Esc］返回到目标列表信息。

4. 设置和读取航次相关信息

（1）读取航次相关信息。在航次界面中显示了本船航次信息。先按［Page］键，然后再按功能键［Voyage］，可以进入该界面。进入该界面后，可以读取本船的航次信息，包括目的港、预计到港时间（ETA）、船上人员总数及船舶吃水等信息，如图 1-8-9 所示。

（2）设置航次相关信息。

① 先按［Page］键，然后再按功能键［Voyage］，进入航次相关信息的设置界面。

② 按功能键［Change Settings］进行航次数据的设置。

③ 通过移动［上下］键，选择参数，然后按［Enter］键进入该参数的修改状态。

④ 通过字母及数字键输入合适的数值，或者如果是下拉菜单，通过［上下］键选择合适的数值，最后按［Enter］键。

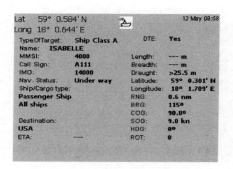

图 1-8-8 读取目标的详细数据

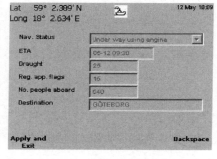

图 1-8-9 航次相关信息的读取

⑤ 如果继续更改其他参数，重复第 3 步和第 4 步。修改满意后，按功能键［Apply and Exit］保存并退出。

参数 Reg. app. Flag 仅用于部分地区内，在其他地区该参数设置为"0"。如果设置该参数，有管理权限的地区当局负责提供该参数 1 到 15 的定义。

5. 读取接收的信息 SRMS

在已接收的 SRMS 界面中可以看到已接收的 SRMS，如图 1-8-10 所示。依次按功能键［Page］→［SRMS］→［Rx list］，可以进入此界面，如图 1-8-11 所示。

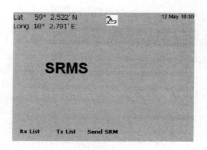

图 1-8-10 接收的信息界面

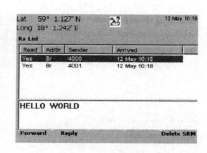

图 1-8-11 查看接收的信息

在此界面中用户可以在接收列表界面中读取、删除和答复或转发已接收到的 SRM。

（1）读取收到的 SRM。

① 按功能键［Rx List］。

② 通过移动［上下］键，选择 SRM。

③ 如果用户读取某条完整信息，请按［Read］键。

（2）回复收到的 SRM。

① 按功能键［Rx List］。

② 通过移动［上下］键，选择 SRM。

③ 按功能键［Reply］。

（3）转发收到的 SRM。

① 按功能键［Rx List］。

② 通过移动［上下］键，选择 SRM。

③ 按功能键［Forward］。

（4）删除收到的 SRM。

① 按功能键［Rx List］。

② 通过移动［上下］键，选择 SRM。

③ 按功能键［Delete SRM］。

6. 发射信息 SRMS

在发送 SRM 界面中，可以编辑并发送 SRMS。信息
文本可以人工编辑，也可以从机器预设信息列表（prede-
fined list）中调取。人工编辑的文本可以作为用户的预设
SRM 存储在预设 SRM 列表中。用户预设的 SRM 也可以
在该列表中删除（但是厂商预设信息不可以删除）。依次
按功能键［Page］ → ［SRMS］ → ［Send SRM］，可以进
入此界面，如图 1-8-12 所示。

图 1-8-12　发送信息界面

（1）发送人工编辑的 SRM。

① 按功能键［Send SRM］。

② 通过字母数字键编辑文本，使用功能键［Backspace］删除字符，编辑完之后按
［Enter］键确认。

③ 选择发送方式：Addressed（按地址发送）/Broadcast（按广播形式发送），并按
［Enter］键确认。

④ 如果用户发送 SRM 至某一目标，通过移动［上下］键选择 Addressed，如果用户发
送 SRM 至所有目标，请选择 Broadcast，然后按［Enter］键确认。

⑤ 如果用户选择 Addressed：请按［右］和［Enter］键，然后输入目标地址并按［Enter］
键确认。如果用户选择的目标列表或标绘界面中的目标，本设备自动生成目标地址。

⑥ 选择信道［Channel］菜单，并按［Enter］键确认。

⑦ 通过移动［上下］键选择信道：AUTO、A、B 或 A＋B，然后按［Enter］键确认。

⑧ 按功能键［Send］发送 SRM。

（2）以预设 SRM 形式保存。

① 按功能键［Send SRM］。

② 输入信息文本，按上面的"发送人工编辑的 SRM"所述方式选择 Addressed/Broad-
cast 和信道。

③ 按功能键［Save as Predefined］。

（3）发送预设 SRM。

① 按功能键［Send SRM］。

② 按功能键［Choose Predefined］。

③ 通过移动［上下］键选择 SRM 文本。

④ 按功能键［Select］。

⑤ 从上文中的第 2 点开始，继续后面的操作。

（4）删除用户预设的 SRM。

① 按功能键［Send SRM］。

② 按功能键〔Choose Predefined〕。

③ 通过移动〔上下〕键选择用户预设 SRM 文本。

④ 按功能键〔Delete〕。

7. 设置船舶航次数据

在船舶航次数据界面中，可以设置船舶的航行状态、目的港、ETA、吃水等。通过按〔Page〕键和功能键〔Voyage〕，用户可以进入该界面，如图 1-8-13 所示。

① 按功能键〔Change Settings〕。

② 通过移动〔上下〕键选择船舶当前航行状态，按〔Enter〕键确认。

③ 同样，移动〔上下〕键可选择其他航次数据进行修改。

④ 按功能键〔Apply and Exit〕保存并退出。

图 1-8-13　航行状态界面

8. 本船数据的读取

本船数据界面显示本船的所有数据，其他船舶可以接收到这些数据。

① 第一个界面显示本船动态信息。

② 通过功能键〔Next〕，继续显示本船静态信息和航次信息。

③ 通过功能键〔Previous〕，返回至显示本船动态信息的界面。

9. 报警查验

当本设备发生报警时，R4 显示器会自动弹出窗口，如图 1-8-14 所示，按〔Enter〕键确认消除，具体报警的含义见表 1-8-8。通过查看报警列表，可以看到本机器中所有的报警情况。依次按功能键〔Page〕→〔Auxiliary Info〕→〔Alarm List〕，可以进入此界面，如图 1-8-15 所示。

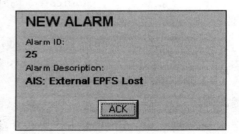

图 1-8-14　报警界面

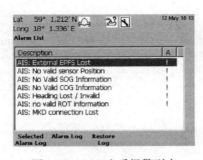

图 1-8-15　查看报警列表

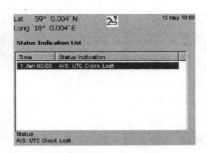

图 1-8-16　查看状态列表

状态列表中列出了状态指示和最近发生在本机器上的事件。依次按功能键〔Page〕→〔Auxiliary Info〕→〔Status List〕，可以进入此界面，如图 1-8-16 所示。

表 1-8-8 列举了报警信息及其对应的标识码。

表 1 - 8 - 8　AIS 船载设备的报警信息及标识码

ID	信息内容
001	Tx 故障
002	天线的 VSWR（电压驻波比）超过限度
003	Rx 频道 1 故障
004	Rx 频道 2 故障
005	Rx 频道 70 故障
006	普通故障
008	MKD（迷你键盘和显示器）的连接丢失
025	外部 EPFS（电子定位系统）丢失
026	没有可利用的传感器位置
029	没有有效的对地航速信息
030	没有有效的对地航向信息
032	船首向丢失/无效
035	没有有效的转向速率信息

（六）Seatex AIS 100 按钮功能（表 1 - 8 - 9）

表 1 - 8 - 9　Seatex AIS 100 的按钮功能

按钮	功能说明
View	显示 View 页面
ALR	按一次显示 Alarms 页面，按超过一次显示 Long Range 页面
SMS	显示 SMS 菜单
Menu	显示 Main Menu 页面
Back	显示上一页
∧	当页面右下角显示 ∧，用于显示前一个子页面；编辑状态时向上移动光标
Enter	确认
∨	当页面右下角显示 ∨，显示下一个子页面；编辑状态时向下移动光标
旋钮	用于选择当前页面的不同选项

AIS 亮度和对比度调整，同时按［BACK］和［ENTER］可进行亮度和对比度调整。

1. 本船静态信息与动态信息的查验

（1）静态信息查验。按［MENU］键，进入主菜单，如图 1 - 8 - 17 所示，选择菜单 4 Static Data（静态查验窗口）。

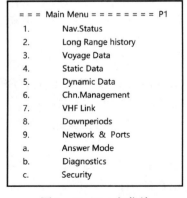

图 1 - 8 - 17　主菜单

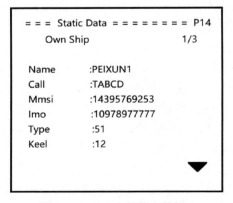

图 1 - 8 - 18　本船静态数据 1

① Own Ship 1/3，如图 1-8-18 所示。

Name 船名；Call 呼号；Mmsi 海上移动业务识别码；Imo IMO 编码；Type 船舶类型；Keel（船）龙骨以上高度。

船舶类型代码如下：50Pilot vessel 引航船；51Search and rescue vessel 搜救船；52Tugs 拖轮；53Port tenders 港口供给船；54Vessels with anti-pollution facilities or equipment 具有防污染设备和设施的船舶；55Law enforcement vessels 执法船；58Medical transports 医疗运输船；WIG 地面翼效船（气垫船）；HSC 高速船；Fishing 渔船；Towing 拖带船。

Towing and length of the tow exceeds 200 m or breadth exceeds 25 m 拖带长度大于 200 m、宽度大于 25 m 的拖带船；Engaged in dredging or underwater operations 从事疏浚或水下作业的船舶；Engaged in diving operations 从事潜水作业的船舶；Engaged in military operations 军舰；Sailing 帆船；Pleasure craft 游艇；Passenger ships 客船；Cargo ships 货船；Tanker（s）油轮。

Carrying DG，HS or MP，IMO hazard or pollutant category A（B\C\D）携带有 A（B、C、D）类危险货物的船舶（其中 DG 为危险货物；HS 为有害物质；MP 为海洋污染物）。

② AIS Transceiver 2/3，如图 1-8-19 所示。AIS 收发应答器的内置 VHF 天线距离船首 A、船尾 B、左舷 C、右舷 D 的距离。

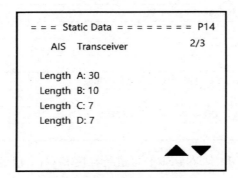

图 1-8-19　本船静态数据 2

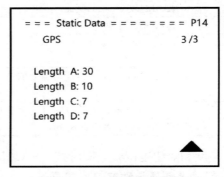

图 1-8-20　本船静态数据 3

③ GNSS 3/3，如图 1-8-20 所示。

AIS 收发应答器的内置 GPS 天线距离船首 A、船尾 B、左舷 C、右舷 D 的距离。

（2）动态信息查验。按［MENU］键，选择菜单 5 Dynamic Data（动态数据），进入本船动态信息查验窗口，内容如下：

① Own Ship 1/2，如图 1-8-21 所示。

LAT 纬度；LON 经度；COG 对地航向；SOG 对地航速；HDG 船首向；ROT 旋回速率；EPFD 船舶定位设备的类型（如 GPS、GLONASS 等）。

QUAL GPS 信号的质量（DGPS 或标准 GPS）；RAIM 接收机性能完善监视器。

② Sensor Status 2/2，如图 1-8-22 所示。

UTC clock OK UTC 时钟正常；Internal GNSS in use 内置全球导航定位系统正在使用；Internal SOG/COG in use 内置对地航速、对地航向正在使用；Heading lost/invalid 船首向丢失或无效；No valid ROT information 无效的旋回速率信息。

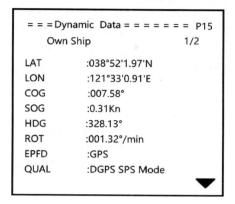

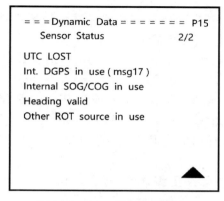

图 1-8-21　本船动态数据 1　　　　图 1-8-22　本船动态数据 2

2. 本船航次相关信息的输入

（1）按〔MENU〕键，选择菜单 3 Voyage Data（航次数据），进入本船航次数据编辑窗口，如图 1-8-23 所示。

Dest 目的地，Eta 预计到达时间（月/日/小时/min），Drght 船舶吃水，OnBrd 船上人员数，以上数据根据需要可进行相应的修改。

（2）按〔MENU〕键，选择菜单 1 Nav Status（航行状态），进入本船航行状态编辑窗口，如图 1-8-24 所示，具体航行状态如下：

图 1-8-23　本船航次数据　　　　图 1-8-24　本船航行状态

AT ANCHOR 抛锚；UNDER WAY USING ENGINE 主机驱动在航；UNDER WAY SAILING 风力驱动在航；ENGAGED IN FISHING 从事捕鱼作业；NOT UNDER COMMAND 失控；RESTR. MANOEUVRABILITY 操作能力受限；CONSTRAINED BY DRAUGHT 吃水受限；MOORED 系泊；AGROUND 搁浅。

3. 本船安全相关短信息的发送

按〔SMS〕键，进入安全相关信息菜单，如图 1-8-25 所示。

1. Inbox 收信箱；2. Outbox 发信箱；3. Predefined 预先保存的信息；4. Write Msg 编辑

普通信息；5. Write SR Msg 编辑安全信息（比第 4 项优先级高）；6. Write BrcSR Msg 编辑广播信息（4、5 是点对点播发信息，6 群发）；7. Write Pred. Msg 编辑以前保存常用的信息；8. Clear Message Box 清除信息。

（1）选择 4. Write Msg 或 5. Write SR Msg 发送点对点信息。

①选择通信信道，一般选择默认，如图1-8-26 所示。

②输入需要编辑的消息，如图 1-8-27 所示。

③选择船名或 MMSI，按［ENT］键发送。

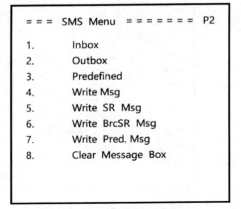

图 1-8-25　安全信息菜单

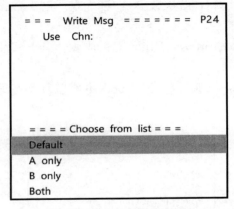

图 1-8-26　通信信道选择

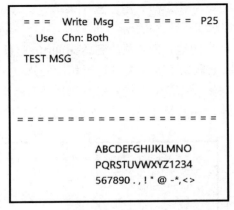

图 1-8-27　信息编辑窗口

（2）选择 6 Write BrcSR Msg 发送广播信息。

①选择信道（默认即可）。

②输入消息后，按［ENT］键立即发送。

4. 目标静态信息、动态信息、航次相关信息和安全相关短消息的获取

根据评估要求选择需要查看的船舶，按［ENTER］键，可查看目标船的静态、动态及航次信息等。

5. 船载 AIS 设备报警信息查验

按［ALR］键，查看本船设备的报警信息，如图 1-8-28 所示。

① HEADING LOST 船首向丢失（因没接电罗经或其他具有船首向信息的传感器）。

② NO VALID ROT 无效的旋回速率信息（因没接 ROT 传感器）。

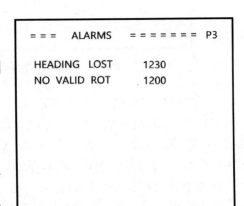

图 1-8-28　报警信息窗口

实验八　船舶自动识别系统操作

一、实验目的

学习使用船舶自动识别系统，了解该系统的基本组成，并掌握正确操作步骤。通过实验，对学生进行基本技能训练。巩固和加强学生对理论知识的理解，提高分析和解决实际问题及应用船舶组合导航设备的综合能力。

二、实验内容

AIS 静态数据，动态数据，航次数据，数据显示、读取及更新，发射接收短信息。

三、实验前的准备

复习《航海仪器（上册：船舶导航设备）》教材第六章的内容，并预习本次实验内容。

四、实验过程

1. 读取目标列表中目标船的静态、动态及航次数据。
2. 读取本船静态、动态数据。
3. 读取并编辑本船的航次数据。
4. 读取或发送短信息。
5. 要求学生分组完成操作，并完成实验报告。

五、注意事项

1. 实验设备的使用要求严格按程序进行，任何人未经许可不得在实验过程中打开设备，以免发生其他问题。
2. 实验过程中如遇到异常现象，应立即关机并报告实验指导教师处理。

六、实验报告

1. AIS 信息种类有哪些？并举例说明（每种类型至少两种）。
2. 设置本船的航次数据，并说出调整吃水的具体步骤。
3. 查看本船数据，并写出本船的船名、呼号、对地航向、对地航速、吃水等。
4. 查看目标列表第 2 页，第 5 行船舶的船名、呼号、对地航向、对地航速、吃水等。
5. 介绍 AIS 发送普通信息和安全信息的区别，并写出给船名为 "peixun1" 的目标船发送普通信息的步骤。

第九节　北斗卫星导航系统

北斗卫星导航设备主要由显示器（图 1-9-1a）、天线（图 1-9-1b）、直流电源及配套电缆和安装件等组成，除了可实现 GPS 的功能外还有其自身特点，如短信息发射、紧急报警等。

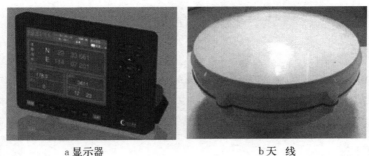

a 显示器　　　　　　　b 天　线

图 1 - 9 - 1　北斗设备组成

一、北斗卫星导航系统的基本功能

(一) 启动

1. 打开直流供电电源。

2. 长按 [开关] 键，系统启动，如图 1 - 9 - 2 所示。

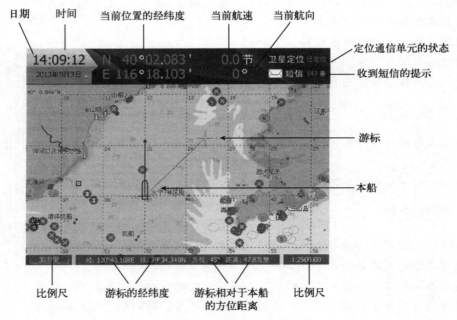

图 1 - 9 - 2　北斗系统界面

3. 按 [亮度] 键，调整屏幕至操作人员眼睛正视时图像清晰即可。

注意：系统加电后将自动获取船位，船舶位置为绿色字体表示已定位，为灰色字体则表示没有定位。若系统长时间无法定位，请检查北斗天线及电缆接头的工况。

(二) 海图操作

1. 海图浏览

北斗系统中可根据需要提供中国沿海的电子海图，通过 [方向] 键、[放大] 键和 [缩小] 键实现海图的移动、放大和缩小等功能。

2. 航路点

（1）建立航路点。按［方向］移动光标到海图的某一位置，按［标位］出现标位界面，如图 1-9-3 所示。

在［名称］中更改标位点名称，按［确定］键保存。

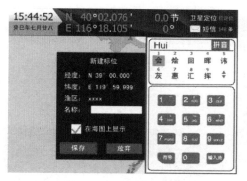

图 1-9-3 标位界面

图 1-9-4 航迹管理界面

（2）航路点管理。按［菜单］→［3 标位］→［2 标位点管理］启动航路点管理程序，如图 1-9-4 所示，按［菜单］可以对航路点进行以下操作：

① 修改：重新编辑选中的航路点的参数。

② 删除：删除选中的航路点。

③ 删除全部：删除所有存储的航路点。

3. 航迹记录

（1）开始记录航迹。按［菜单］→［4 航迹］→［1 记录新航迹］。

（2）暂停/继续记录航迹。按［菜单］→［4 航迹］→［1 记录新航迹］。

（3）记录一个新的航迹。按［菜单］→［4 航迹］→［2 航迹管理］。

（4）航迹管理。按［航迹］。

按［菜单］，选择对应的选项，可以对航迹进行以下操作：

① 显示/不显示：切换选中的航迹在海图上的显示状态。

② 航迹颜色：设置航迹在海图上显示的颜色。

③ 重命名：重新命名航迹。

④ 删除：删除选中的航迹。

⑤ 删除全部：删除全部航迹。

⑥ 暂停/继续记录航迹：切换当前航迹的记录状态。

⑦ 记录新航迹：保存当前记录的航迹，同时新建一条航迹进行记录。

4. 导航及偏航报警

（1）游标导航。按［导航］→［1 游标导航］，移动光标选择一个目的地，按［确定］键。

（2）航路点导航。按［导航］→［2 标位点导航］，按［方向］→［确定］选择多个航路点，按［返回］。

（3）导航及报警设置。按［导航］→［3 导航报警设置］，设置偏航报警。

(三) 关机

1. 长按〔开关〕键，关闭启动。

2. 关闭直流供电电源。

二、北斗卫星导航系统显示界面

除了上面介绍的常用显示界面外，北斗还有以下功能界面。

(1) 卫星界面。提供 GPS 卫星图、GPS 信号强度及北斗信号强度等，如图 1-9-5 所示。

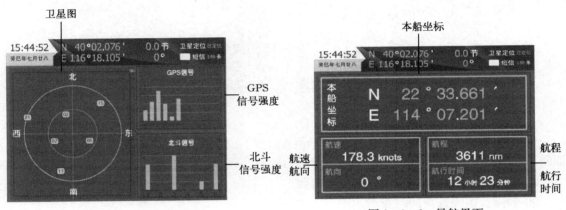

图 1-9-5　卫星界面　　　　图 1-9-6　导航界面

(2) 导航界面。提供本船坐标、航程、航行时间等，如图 1-9-6 所示。

注意：本船坐标显示在正常接收 GPS 或北斗卫星信号时，显示当前船位所在经纬度（N 表示北纬，E 表示东经）。经纬度为绿字表示当前已定位，其值为当前坐标；经纬度为灰字表示当前未定位，其值为最后一次定位坐标；经纬度为蓝字表示当前已定位，其值为北斗定位结果。

(3) 罗盘界面。提供定位罗盘、目标位置、目标距离、目标方位、预计到达时间等，如图 1-9-7 所示。

注意：定位罗盘的蓝色指针指向导航目标，标示导航目标相对于当前船位的方向；罗盘的绿色指针标示当前的航向与正北方向的夹角。

(4) 广告界面。提供广告内容及页数显示等。

(5) 潮汐查询界面。查询相应港口所对应的潮汐预报信息，如图 1-9-8 所示。

三、北斗卫星导航系统的特殊功能

(一) AIS 功能

只有连接 Class B 类的 AIS 设备，本功能才能正常使用。

1. AIS 界面

当显示器连接 AIS 设备且正常工作时，在海图界面将显示由 AIS 设备获取的周围船舶信息，如图 1-9-9 所示。用方向键移动游标至想要查询信息的船型图标上，界面会弹出显示船舶信息的文本框。移开游标后，船舶信息消失。

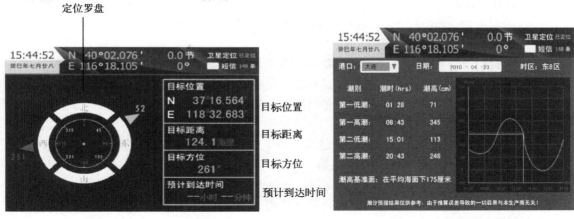

图 1-9-7 罗盘界 　　　　　图 1-9-8 潮汐查询界

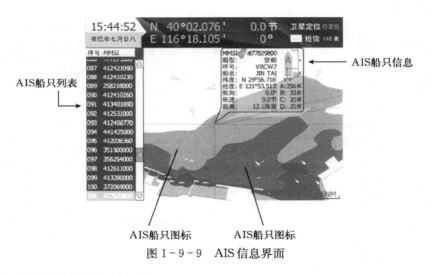

图 1-9-9 AIS 信息界面

2. 船舶类型说明（表 1-9-1）

表 1-9-1 AIS 船舶类型

船舶符号颜色	船舶类型
（蓝色）	客船、游船
（绿色）	货船、油轮
（黄色）	高速船
（青色）	拖带船、引航船
（橙色）	渔船
（红色）	危险船舶
（灰色）	其他类型
（蓝色）	以辅助动力航行的船舶

3. AIS 报警设置

按 [菜单] → [AIS] → [AIS 设置]，可以进行以下设定：

（1）是否开启 AIS 报警。

（2）报警距离（判断其他船舶与本船的距离是否过近）。

（3）报警警示圈（是否在本船位置显示警报范围）。

（4）报警船类型（筛选报警船舶的种类）。

（5）安全广播悬停时间设置。

当开启了 AIS 报警后，只有同时满足以下两个条件时，才会进行报警：

① 船舶距离本船的距离小于报警距离。

② 船舶的类型与设置的报警船类型相符。

界面中将弹出报警提示框，同时机身发出蜂鸣音示警；当以上两个条件有任意一条不满足时，警报自动解除，界面恢复到正常状态，同时，蜂鸣音停止。

（二）北斗短信

1. 发信息

第一步：输入号码

按 [输入法]，切换到数字或者 ABC 输入法输入号码，如图 1-9-10 所示。

如果要选择已存的联系人，按 [确定] 键，从右侧的联系人列表中选出。

第二步：输入内容

按 [方向下]，将输入提示光标移动到短信编辑区。

按 [输入法] 切换到合适的输入法，进行短信内容的编写。

图 1-9-10　信息编辑界面

第三步：发送

按 [方向下]，提示光标移动到 [发送] 按钮，按 [确定] 键发送编写的短信。

另一种发送的方式：按 [菜单] → [发送]，同样可以发送编写的短信。

2. 收件箱和发件箱

收到的短信，都被存储在收件箱之中，图 1-9-11 选中某一条短信，将会自动展开该短信的内容。

与收件箱对应的是发件箱，所有编辑后未发出的短信，以及已经发出的短信，都将存储于发件箱。

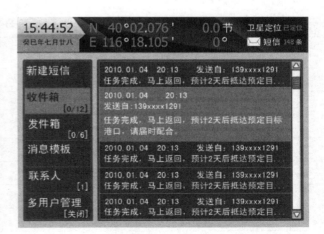

图 1-9-11　收件箱

按下［菜单］键，弹出菜单，对于收件箱和发件箱中的短信，可以进行以下操作：回复（仅对收件箱）、转发、删除、清空等。

3. 联系人

将常用的号码存储到联系人列表中，可以更快捷地发送短信。

在联系人列表中，按［菜单］键，弹出菜单，可以进行以下操作：新建、查看、编辑、删除、发送信息等。

4. 用手机向船载终端发送短信

（1）充值。

① 使用北斗充值卡。终端为本终端充值，编辑短信：BD＋卡密码，发送到 266666。

手机为本机北斗账户充值，编辑短信：BD＋卡密码，发送到 106902000。

手机为终端充值，编辑短信：终端 ID 号码＋BD＋卡密码，发送到 106902000。

② 使用中国移动充值卡。终端为本终端充值，编辑短信：YD＋卡号/＋卡密码/＋卡面值，发送到 266666。

手机为本机北斗账户充值，编辑短信：YD＋卡号♯＋卡密码♯＋卡面值，发送到 106902000。

手机为终端充值，编辑短信：北斗 ID 号码＋YD＋卡号♯＋卡密码♯＋卡面值，发送到 106902000。

（2）发送短信。"收件人"位置输入"106902000＋船载终端号码"，直接编辑短信内容进行发送，短信将发送到指定船载终端。

例如，将"祝您一帆风顺！"发送到船载终端 250188，"收件人"位置输入"106902000250188"，短信内容应编写为"祝您一帆风顺！"。

手机收到船载终端发来的短信时，可直接按"回复"键回复该短信。

（3）查询余额。编辑"YE"发送至 106902000。

（三）紧急报警

在船只遇到紧急情况时，通过紧急报警向运营中心发送求救信号。

1. 发送紧急报警

在任意界面下，长按［紧急］3 s，系统会弹出提示，要求确定是否发送紧急报警。此时按［确定］键，紧急报警信息将发出。

如果紧急报警信息发送成功，屏幕上会弹出发送成功的提示。

发出报警后，蜂鸣器将不断发出尖锐的提示音，同时界面将开始闪烁，表示当前正处于紧急报警状态。

2. 紧急报警附加信息

在确定发送紧急报警之后，紧接着出现的界面是附加信息选择界面，如图 1-9-12 所示。

图 1-9-12 附加信息选择界面

在列表中选择报警的附加信息，并按［确定］键，完成报警的流程。

3. 解除紧急报警

在紧急报警状态下，再次按下［紧急］键，系统会弹出提示"确定是否取消紧急报警"。此时按下［确定］键，紧急报警状态将解除。

（四）服务

服务模块中集成了多个和运营服务相关的应用，包括：出港报告、进港报告、充值服务、余额查询、业务状态、北斗参数、设备信息和系统设置，如图1-9-13所示。

1. 出港报告

船只出港时，发送出港报告。

2. 进港报告

船只进港时，发送进港报告。

3. 充值服务

使用显控单元发送短信会扣去账户中储蓄的余额，如果要向账户中充值，可以通过充值服务模块实现。

图1-9-13　服务模块界面

向账户充值，可以选择以下几种运营商的充值卡：中国移动、中国联通、中国电信、北斗星通，如图1-9-14所示。请到相关营业厅或销售点咨询购买可用的充值卡。

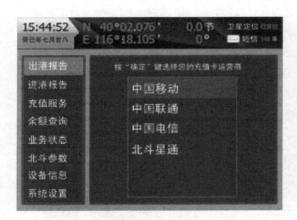

图1-9-14　充值服务界面1

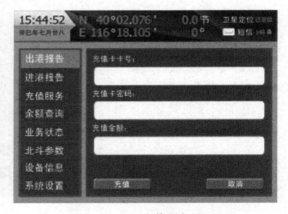

图1-9-15　充值服务界面2

充值时，首先选择充值卡对应的运营商，然后输入卡号和密码，如图1-9-15所示。当收到运营中心发来的确认短信后，说明充值已成功。

4. 余额查询

执行余额查询操作后，会收到运营中心的短信，内容为用户的账户余额。

5. 业务状态

查询当前开通的服务。如果发现部分业务异常，可以在此界面中选择"查询业务状态"来主动更新，获得业务开通状态的信息。

6. 北斗参数

读取与显控单元连接的定位通信单元信息，显示相关的北斗参数。

7. 设备信息

读取与显控单元连接的定位通信单元信息，显示相关的设备信息。

实验九　北斗卫星导航系统操作

一、实验目的

了解北斗系统的基本组成，学习使用该设备，掌握正确的操作步骤。通过实验，对学生进行基本技能训练。巩固和加强学生对理论知识的理解，提高分析和解决实际问题及应用北斗卫星导航系统设备的综合能力。

二、实验内容

1. 了解北斗卫星导航仪的基本组成及各部分作用。
2. 掌握北斗卫星导航仪的开关机方法。
3. 掌握北斗卫星导航仪卫星界面、导航界面、罗盘界面的特点及其应用。
4. 掌握北斗卫星导航仪的紧急报警功能。
5. 掌握北斗卫星导航仪中不同 AIS 船舶符号的船舶类型及 AIS 报警设置。
6. 了解北斗系统短信收发功能。

三、实验前的准备

复习《航海仪器（上册：船舶导航设备）》教材第五章第七节的内容，预习本次实验内容。

四、实验过程

1. 启动。
（1）接通船舶直流电源，开启北斗卫星导航仪，调整亮度至满意为止。
（2）根据系统运行状况，调用卫星、导航、罗盘等显示界面。
2. 紧急报警功能设置。
3. 合理设置 AIS 报警参数，并根据 AIS 船舶符号列出对应的船舶类型。
4. 北斗系统短信收发功能。
5. 关机。关闭北斗卫星导航仪，关闭船舶直流电源。
6. 要求学生分组完成操作，并完成实验报告。

五、注意事项

1. 实验设备的使用要求严格按程序进行，任何人未经许可不得在实验过程中打开设备，以免发生其他问题。
2. 实验过程中如遇到异常现象，应立即关机并报告实验指导教师处理。

六、实验报告

1. 北斗卫星导航仪的启动过程。

2. 列出实验室的北斗卫星导航仪有哪些报警功能，并写出设置 0.5 n mile 偏航警的具体步骤。

3. 设置紧急报警功能的具体步骤。

4. 列出用北斗卫星导航仪发短信的具体步骤。

第十节　船舶组合导航系统

组合导航系统（integrated navigation system，INS）是将船上的两种或两种以上的导航设备组合在一起的导航系统。它是用以解决导航定位、船舶运动控制等问题的信息综合系统，具有高精度、高可靠性、高自动化程度的优点，是网络化导航系统发展的必然趋势。由于每种单一导航系统都有各自的独特性能和局限性，如果把几种不同的单一系统组合在一起，就能利用多种信息源，互相补充，构成一种有多维度和导航准确度更高的多功能系统。

组合导航系统由电子海图、综合信息显示台、ARPA 雷达、GPS 卫星导航仪、船舶自动识别系统 AIS、罗经、计程仪、船舶主机、辅机、舵设备、锚设备、通信系统、气象设备、船舶安全警报系统等组成，通过机械接口和网络接口进行连接。其中，组合导航的航行管理系统由电子海图、综合信息显示台组成。因其他设备在航海仪器、船舶导航雷达以及电子海图显示与信息系统实践等课程中已介绍，本部分重点讲解舵系统、侧推器控制和声号、号灯、缆绳和锚操作、集成报警面板、仪表盘和综合信息显示台等。

一、控制面板和仪表盘

本部分以集美 MTI-H2000 模拟器为例介绍船舶操纵常用的控制面板和仪表盘，如：侧推器控制和声号（thruster control and sound signals）、舵系统（steering system）、号灯切换（lights transform）、缆绳和锚操作（line and anchor control）、车钟、集成报警面板及仪表盘。

（一）航行灯、甲板灯切换

该控制面板主要包括航行灯、甲板灯切换两部分功能，如图 1-10-1 所示。

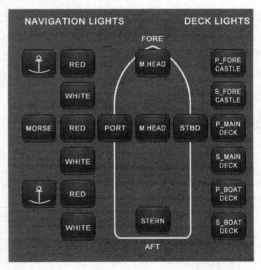

图 1-10-1　航行灯、甲板灯和视景点控制面板

1. 控制面板

（1）航行灯如图 1-10-2 所示。该部分设计中包含几个子模块：

图 1-10-3a 所示为锚灯和锚球。若当前系统为白天状态，则按前锚灯键时视镜中会显示锚球而非锚灯。若系统练习时间被设定为黑夜，则出现的为锚灯，按前锚灯键显示前锚灯，按后锚灯键显示后锚灯。若按键被选择，则该按键会亮红色灯光，再按一次即取消，按键灯光恢复至原来的白色。

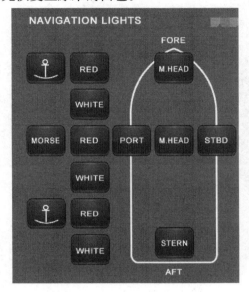

图 1-10-2　航行灯控制面板

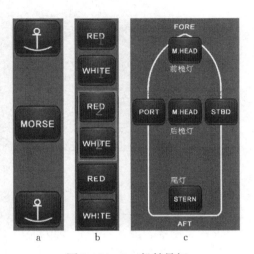

图 1-10-3　船舶号灯

图 1-10-3b 所示为信号灯，这里设计呈现的共有 6 个按钮，红白相间。其实在此处仅分为 3 组，相邻两个红白键为一组。①若需要显示红-红-红，则需选择RED1-RED2-RED3。②若需要显示红-白-红，则需选择 RED1 - WHITE 2-RED3。

以上号灯在白天将显示相对应的号型。表示红灯的按键被选择时按键背景灯光为红色，再按一次恢复至白色，表示白灯的按键被选择时按键背景灯光为红色，再按一次恢复至白色。

如图 1-10-3c 此部分为航行灯模块。分别为前后桅灯、左右舷灯以及尾灯。具体位置见图中注释。①当前/后桅灯、尾灯被选择时，按键背景灯光显示为红色，再按一次取消选择，背景灯光恢复至白色。②当舷灯被选择时，右舷灯按键背景灯光显示为红色，左舷灯按键背景灯光显示为红色，再按一次取消选择，按键背景灯光恢复至白色。

（2）甲板灯控制面板如图 1-10-4 所示。

当前设计的甲板灯仅为这几组，当按下其中的任一键时，该键背景灯光颜色将由原来的白色变成红色，表示该键已被选择，再按一次时表示取消选择，按键背景颜色变成白色。

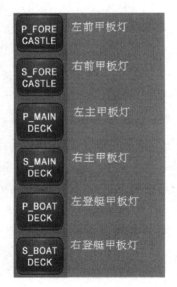

图 1-10-4　甲板灯控制面板

（二）侧推器和声号

该控制面板主要包括侧推器和声号，如图1-10-5所示。

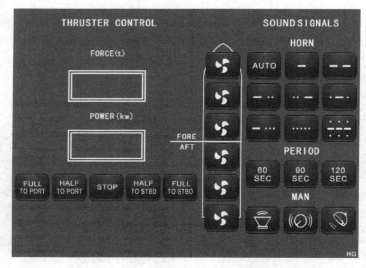

图1-10-5　侧推器与声号控制面板

1. 侧推器面板

（1）面板中有两个信息显示框，一个是FORCE，为侧推力，以吨（t）为单位；另一个是POWER，为功率，以瓦（W）为单位。

（2）下面一栏为侧推器动作命令。本套系统共设计有5个命令钮。

① ［FULL TO PORT］表示使侧推器以全额功率往左推。

② ［HALF TO PORT］表示使侧推器以50%的功率往左推。

③ ［STOP］表示侧推器停止动作。

④ ［HALF TO STBD］表示使侧推器以50%的功率往右推。

⑤ ［FULL TO STBD］表示使侧推器以全额功率往右推。

（3）　面板的右边一栏为侧推器选择键。在软/硬件面板中从船首到船尾共设计有6个侧推器。不同的船模所配备的侧推器个数不同，这里设置前面3个为首侧推器，后面3个为尾侧推器。若某一条船模中有3个侧推器（一首侧推器＋两尾侧推器），则面板中自上而下的第一个　为首侧推器，第四、五个　为尾侧推器。

2. 侧推器操作举例说明

（1）选择所要使用的侧推器，按　按键。这时，硬件面板按键的背景灯光颜色将由原来的白色变成绿色，同时信息框中显示出初始数据。

（2）选择需要侧推器执行的命令，初始命令为STOP，按下其他命令中的一个按键，则该按键背景灯光变红色。

（3）多个侧推器工作时，重复（1）（2）步骤。这时前一个侧推器按钮背景灯光将变成黄色。

（4）取消侧推器工作则再按一次选中的侧推器按键　，按键背景灯光由绿色或黄色变成白色。

3. 声号模块

控制面板如图 1-10-6 所示，包含以下几部分：

（1）声号类型。面板中共有 8 种声号类型，如图 1-10-6 所示，一横杆表示一长声，一个点表示一短声。另外 AUTO 键可以让所选中的声号类型自动响。

图 1-10-6 声号控制种类

（2）声号周期。声号周期是在自动模式下使用，允许用户所选定的声号类型在选定的周期中重复响起。当前设定的周期类型为 60 s、90 s、120 s。在自动模式下，用户选择一种声号之后再选择声号周期，则每隔一个周期，声号会自动重复响起所选的那组声号。

（3）手动模式。手动模式中总共设有 3 种类型，分别是号笛、号锣、号钟。

4. 声号练习说明

（1）选中一种声号类型，这时所选的声号类型键背景灯光将变红。

（2）按下 AUTO 键，背景灯光变红。这时所选的声号组将自动响起，直到整组声号响完毕为止。

（3）选择时间周期之后，所选的声号将在该时间周期内不断重复响起，直至取消。

（4）取消声号，只需再按一次声号类型键，此时该键的背影灯光将恢复至白色。

（5）手动声号，选择手动声号模式时，只需按下手动模式下的任一个声号类型，声号即响起，手动模式下，声号响应的规律是"长按长响，即松即停"，练习者必须手动按住 🔔 🔔 🔔 中的任何一个键时，声号才会响起，松开手时，声号即停。

（6）在按下手动键时，自动模式将自行关闭（若自动模式正在运行），系统转而执行手动模式。

（三）舵系统面板

舵系统控制面板，如图 1-10-7 所示。

1. 面板信息简介

（1）板块。该部分为航行模式选择，设计共分为 3 种模式，分别为航向模式、转向速率模式、转向半径模式。另外还包括参数设置显示框，通过加减键可以设置该参数。

（2）自动舵参数。系统所设计的自动舵参数主要有 7 种，分别为比例系数、积分系数、差分系数、压舵增益系数、罗经滤波参数、舵角限定、航向梯度参数，如图 1-10-7 所示。

在自动舵模式下，用户可以根据不同的航行条件、环境因素设置不同的自动舵参数。

（3）操舵模式。操舵模式中有 3 种选择，分别为自动舵 AUTO PILOT、随动舵 FOLLOW UP、应急舵 NFU。

（4）舵装置。有液压泵 1 PUMP1 和液压泵 2 PUMP2 可供选择。

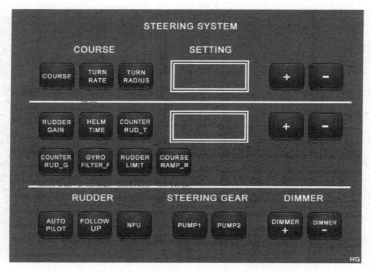

图 1-10-7　操舵控制面板

（5）亮度调节。面板有亮度 <kbd>DIMMER +</kbd> 和 <kbd>DIMMER -</kbd> 两个键，可以控制整套系统中除雷达面板和望远镜面板之外的所有面板亮度。

2. 操作说明

（1）自动舵模式。

① 选择自动舵按键 <kbd>AUTO PILOT</kbd>，此时手动舵和应急舵失效。

② 选择航向模式、转向速率模式、转向半径模式中的一种，通过加减键设定相应的参数值。

③ 自动舵参数设定。

④ 根据当前的航行环境和外界条件对自动舵的 7 个参数进行设置，系统会读取每一条船模的默认自动舵参数。如果需要重新设置，可以按下比例系数、积分系数、差分系数、压舵增益系数、罗经滤波参数、舵角限定、航向梯度参数等按键进行相应的设置。具体方法：通过右侧的 <kbd>+</kbd> 和 <kbd>-</kbd> 键进行设定。

（2）手动舵操作。按［FOLLOW UP］键，则自动舵和应急舵失效，当前操舵模式即变为手动操舵。练习者可以通过舵轮进行操作。

本套系统中舵轮左右满舵设计的度数可达 40°，舵轮如图 1-10-8 所示。

（3）应急舵操作。在手动舵等其他操舵方式都无法使用或发生其他紧急情况需要用到应急舵时，按下面板上的［NFU］键，操舵模式即转到应急操舵模式。用户可以通过应急操舵舵柄 <kbd>■</kbd> 进行操作。应急操舵舵柄上有三挡：中间挡、右挡、左挡。在正常状况下，手柄指于中间挡；需要左舵令时，将手柄扳至左挡处，待舵机到达所需要的舵令时松开手柄，手柄回到中间挡；需要

图 1-10-8　舵轮及舵角显示器

右舵令时，将手柄扳至右挡处，待舵机到达所需要的舵令时松开手柄，手柄回到中间挡。

（四）缆绳控制和抛锚控制面板（图1-10-9）

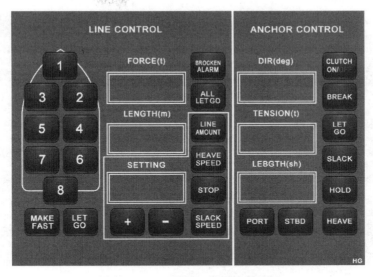

图1-10-9 缆绳、抛锚控制面板

1. 面板信息介绍

（1）缆绳控制面板。

① 面板上数字键区域代表的是本船端的缆桩，共8个点，如图1-10-10所示。

② 动作键 [MAKE FAST] 和 [LET GO]，[MAKE FAST] 在这里的意思仅仅是带上缆绳的意思，而不是绑牢，用户需注意，以免产生误解。[LET GO] 意为解掉缆绳。

图1-10-10 缆绳控制面板

③ 各种参数显示框。这里共设有3处参数显示框，FORCE为缆绳受力，以吨（t）为单位。LENGTH为缆绳长度，以米（m）为单位。SETTING为参数设定框，允许用户对多个参数进行设置。

④ [BROCKEN ALARM] 为消除报警键。

⑤ 按 [MAKE FAST]，缆绳被带到缆桩上，系统默认为带上缆绳的意思，用户可以根据需要来调整缆绳长度。

⑥ [ALL LET GO] 为同时解掉所有缆绳。

⑦ [LINE AMOUNT] 为长度设定键，按下该键之后，通过 [＋]、[－] 调节 SETTING 框中的数值来实现对该参数的设定。缆绳长度设定应适中，建议先用系统提供的距离测量工具量取本船与岸上缆桩的距离，再设定。

⑧ [HEAVE SPEED] 收绞缆绳的速度，用来调整缆绳长度。按下该键，通过 [＋]、[－] 调节 SETTING 框中的数值来实现对该参数的设定。

⑨ [SLACK SPEED] 表示送缆绳的速度，用来调整缆绳长度。

（2）锚操作面板。

① 信息显示框 ▮DIR(deg)▮ 为角度信息显示框。该处显示的角度为锚链方向与本船船首的夹角，单位为 deg（度数）。▮TENSION(t)▮ 为锚链受力显示框，以吨（t）为单位。▮LEBGTH(sh)▮ 为锚链长度显示框，以 sh 为单位。

② ▮PORT▮▮STBD▮ 表示本船左锚和右锚。抛锚之前必须先选择其中之一。目前本套系统仅提供船首左右锚。

③ ▮CLUTCH ON/▮ 表示锚机离合开关键。

④ ▮BREAK▮ 表示锚机刹车键，此键灯亮为刹住，灯灭为打开刹车。用于控制出链速度和刹住锚链等。

⑤ ▮LET GO▮ 表示抛锚键，按下此键，开始抛锚。

⑥ ▮SLACK▮ 表示送出锚链。若锚链受力太大或其他原因需要送出锚链时，按下此键。

⑦ ▮HOLD▮ 表示锚机停车键，当无须再继续收放锚链时，按下此键即为暂停收放锚链。

⑧ ▮HEAVE▮ 表示收绞锚链。按下此键可将锚及锚链慢慢收起。

2. 操作说明

（1）带缆操作说明。

① 在控制面板数字键区域选择一操控点，即本船上的挂缆点。

② 鼠标在海图上选择码头上的缆桩点，比例尺需要放到 1：10 000 左右（带缆操作）（图 1-10-11）。

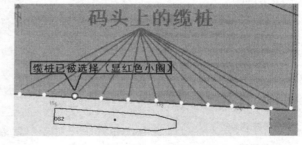

图 1-10-11　带缆示意

③ 按下面板中的［LENGTH］键，设置缆绳的长度，设置的长度必须适中，不宜太长也不宜太短，否则会提示带缆不成功，建议带缆之前用工具测量带缆两点之间的距离，设置一个比该值稍大的数据。

④ 按下［MAKE FAST］键进行带缆。

⑤ 如果需要收缆绳，那么可以按下［HEAVE SPEED］键，通过［＋］、［－］设置速度，按［STOP］键停止收绞。

⑥ 若缆绳受力过大需要松放缆绳，那么可按下［SLACK SPEED］键，通过［＋］、［－］设置松放的速度，按［STOP］键停止缆绳松放。

⑦ 解掉缆绳，选择本船上的挂缆点，激活［LET GO］键，缆绳解掉。

⑧ 解掉缆绳，按下［ALL LET GO］键，缆绳全部解掉。

（2）抛锚操作说明。

① 选择需要抛的锚，按下［PORT］或［STBD］键，目前本系统只提供船首左右锚的模拟。

② 如果在未抛锚之前想结束抛锚，再按一下对应的锚即可取消。

③ 激活相应的锚后，此时的状态为"CLUTCH‐OFF/BREAK OFF"（软件上），点击[LET GO]键，开始抛锚，在过程中，当锚的长度未大于水深时，其他锚的按键都不可操作。当锚的长度大于水深时，[BREAK]键灯亮，可以操作。当锚链松到适合的长度时，按[BREAK]键，表示刹住锚链。此时如果想用[SLACK]、[HOLD]、[HEAVE]键，需要点击进入"CLUTCH ON"状态，然后松开刹车，即"BREAK OFF"，即可使用[SLACK]、[HOLD]、[HEAVE]键。使用[SLACK]键可送出锚链；[HOLD]键可停止收放锚链；[HEAVE]键可收绞锚链。

④ 确认抛锚完成后，需要按[BREAK ON]（表示刹住刹车）和[CLUTCH OFF]（表示脱开锚机离合器）结束抛锚。

（3）收锚。需要按[CLUTCH ON]（表示合上锚机离合器），然后再按[BREAK OFF]（表示打开刹车），使用[HEAVE]键来收锚，长度为0时，收锚结束。

（五）车钟

本套系统设计配备的车钟如图1‐10‐12所示。共设有12挡，分别为SEA（海速前进）、FULL（AHEAD）（前进四）、HALF（AHEAD）（前进三）、SLOW（AHEAD）（前进二）、DEAD SLOW（AHEAD）（前进一）、STANDBY（备车）、STOP（停车）、FWE（结束主机运行）、DEAD SLOW（A‐STERN）（后退一）、SLOW（ASTERN）（后退二）、HALF（ASTERN）（后退三）、FULL（ASTERN）（后退四）。

图1‐10‐12　车　钟

车钟控制操作方式：

该车钟控制操作比较简单。一般情况下只需要摇动控制手柄即可。共设有两个控制手柄，左边代表左车钟，右边代表右车钟。如果船模配备双车，那么双手柄都可以使用，如果船模仅有单车，则默认为右车。

（六）仪表盘

本船端共设计了7个仪表盘显示于视景端屏幕上方，这7个仪表盘分别为风速风向指示器、船速指示器、左主机转速指示器、舵角指示器、右主机转速指示器、水深指示器、转向速率指示器。

1. 风速风向表

如图1‐10‐13所示，该表显示模拟视景下当前环境中的风因素，该表显示的是真风向与真风速。红色指针所指表盘的刻度即为真风向，右边位置显示的刻度即为真风速。

2. 船速指示器

如图1‐10‐14所示，该表盘显示的是当前本船的对地航速，红色指针所指刻度即为SOG值，单位为kn（范围：0～30 kn）。

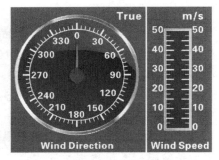

图1‐10‐13　风速风向表

3. 主机转速指示器

如图 1-10-15 所示，该表盘表示本船主机转速。指针指向左边表示前进转速，指针指向右边表示后退转速。本模拟器设计两个主机转速指示器，分别位于舵角指示器的左右两边，单车船舶以右主机转速指示器为准（左主机转速指示器不工作）。

图 1-10-14　对地速度表

图 1-10-15　主机转速表盘

4. 舵角指示器

如图 1-10-16 所示，该表盘为舵角指示器，红色指针所指之处即为当前舵角，以 0°为基准，右边圆弧表示右舵，左边圆弧表示左舵，舵角范围为 0°～40°。

5. 水深显示表

如图 1-10-17 所示，该表盘为水深显示表。表中红色指针所指处即为当前系统检测到的海图水深，该表设计水深范围仅为 0～200，单位为 m。

图 1-10-16　舵角显示表盘

图 1-10-17　水深显示表盘

6. 转向速率指示器

如图 1-10-18 所示，该表为转向速率指示器，红色指针所指之处即为当前转向速率，单位为 deg/min，以 0°为基准，右边圆弧表示向右转向速率，左边圆弧表示向左转向速率，转向速率范围为 0～100 deg/min。

（七）报警面板

根据实际需求，模拟器设计了报警面板，当船舶发生设备故障、人员落水及失火等意外情况时，报警面板相应的设备会变成红色并发出警报声，点击

图 1-10-18　转向速率指示器

，确认报警并消除警报声音，点击 RESET，报警面板恢复正常状态，如图 1 - 10 - 19 所示。该面板还有其他 5 个界面：Steering、Lights/Perspective、Thruster/Sound Signals、Tug 和 Line/Anchor，这 5 个界面与上述各个控制面板功能一致，不再介绍。

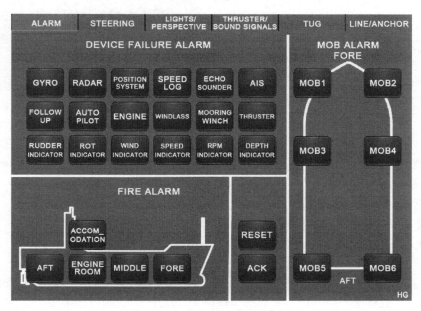

图 1 - 10 - 19 报警面板

1. 设备故障报警

当在教练站设置船舶设备故障时，设备故障报警面板相应的设备会变成红色并发出警报声，如图 1 - 10 - 20 所示。

2. 人员落水报警

人员落水报警面板可以指示 6 处落水地点，包括左船首、左船中、左船尾、右船首、右船中、右船尾。当在教练站设置人员落水时，该面板相应位置发出报警，如图 1 - 10 - 21 所示。

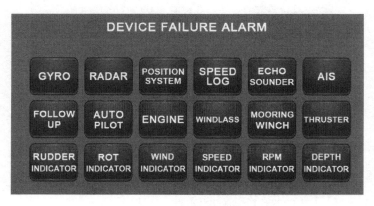

图 1 - 10 - 20 设备故障报警面板

图 1 - 10 - 21 人员落水报警面板

3. 失火报警

失火报警面板共包括5处报警；分别为生活区、船首、船中、机舱及船尾，当在教练站设置失火报警时，该面板相应位置发出报警，如图1-10-22所示。

二、Conning 界面介绍

通过船舶的 Conning 软件显示终端，船员能更加清楚看到船各个状态下的详细信息参数。

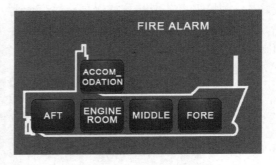

图 1-10-22 失火报警面板

集美 MTI-Conning 软件显示终端共分为 5 个模块，分别是 NAV（航行状态）模块、Monitor（航行监控）模块、Docking（船舶靠离泊状态）模块和 Steering Efficiency（船舶操纵效率）模块以及 Pilot Card（引航卡资料）模块。

（一）NAV（航行状态）模块

NAV 模块的子模块分为 Navigation、Speed Through Water（STW）、Wind/Drift True、Wind REL、Depth、Alarm 等，如图1-10-23所示。

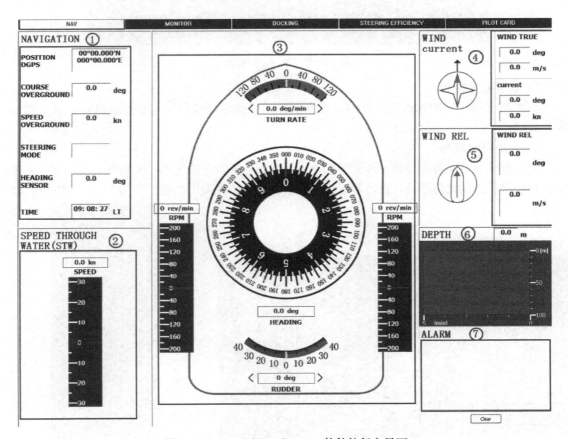

图 1-10-23　MTI-Conning 软件航行主界面

（1）Navigation 主要包括 GPS 船位、对地航向、对地航速、操舵模式、船首向传感器、时间等。

（2）Speed Through Water（STW）为对水速度。

（3）Turn Rate 为转向速率及左/右（RPM）车转速及舵角指示。

（4）Wind/Current 为风和流。Wind True 为真风向、真风速，Current 为流向、流速。

（5）Wind REL 为视风向、视风速。

（6）Depth 为显示水深值。

（7）Alarm 报警信息用于显示 ECDIS 里面所有报警信息的历史记录，鼠标点击［Clear］按钮，可以清除报警信息。

（二）Monitor（航行监控）模块

Monitor 模块的子模块分为 Navigation、Monitoring、Track、Wind Current、Wind REL、Depth、Alarm 等，如图 1 - 10 - 24 所示。

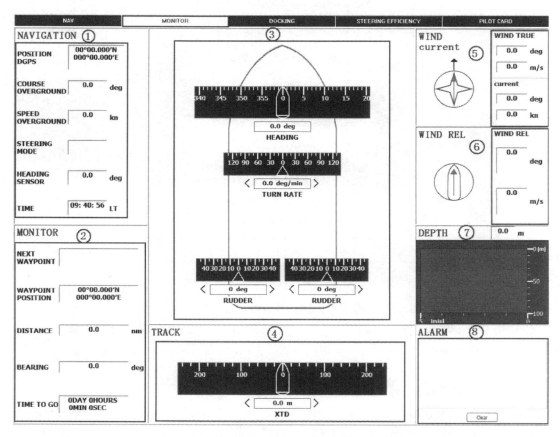

图 1 - 10 - 24 MTI - Conning 软件 Monitor 模块

（1）（5）（6）（7）（8）同 NAV 航行模块的内容。

（2）Monitor 主要包括下个转向点、转向点经纬度、距下个转向点的距离、距下个转向点的方位、距下个转向点的时间。

（3）从上到下依次包括船首向、转向速率、左舵、右舵。

（4）Track 为显示偏航距离。

（三）Docking（船舶靠离泊状态）模块

Docking 模块的子模块分为 Navigation、Speed Through Water（STW）、Wind Current、Wind REL、Depth、Alarm，如图 1 - 10 - 25 所示。

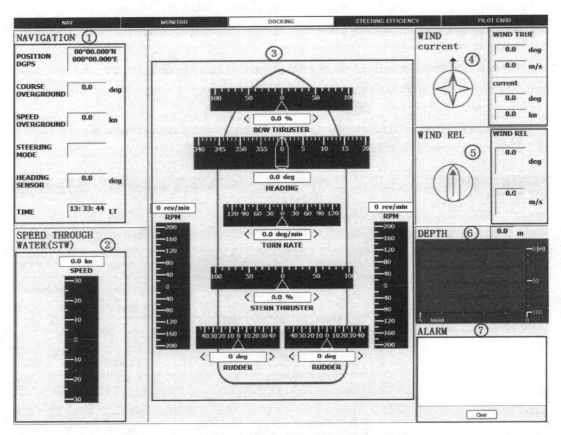

图 1 - 10 - 25　MTI - Conning 软件 Docking 模块

（1）（2）（4）（5）（6）（7）同 NAV 航行模块的内容。

（3）从上到下依次包括 Bow Thruster（首侧推器）、Heading（船首向）、RPM（左主机转速、右主机转速）、Turn Rate（转向速率）、Stern Thruster（船尾侧推器）、Rudder（左舵、右舵）。

（四）Steering Efficiency（船舶操纵效率）模块

Steering Efficiency 模块的子模块分为 Navigation、Stability、Autopilot、Steering Efficiency、Wind Current、Wind REL、COG and Heading、Alarm，如图 1 - 10 - 26 所示。

（1）（5）（6）（7）（8）同 NAV 航行模块的内容。

（2）Stability（稳定性）。从上到下依次包括：Metacentric Height（稳定性高度）、Roll Period（横摇周期）、Roll Angle（横摇角）。

（3）Autopilot（自动导航）。从上到下依次包括 Mode（模式）、Rudder _ Gain（自动舵增益）、Helm - Time（响应时间）、Counter - Rud - T（差分系数）、Rudder _ Limit（极限舵角）。

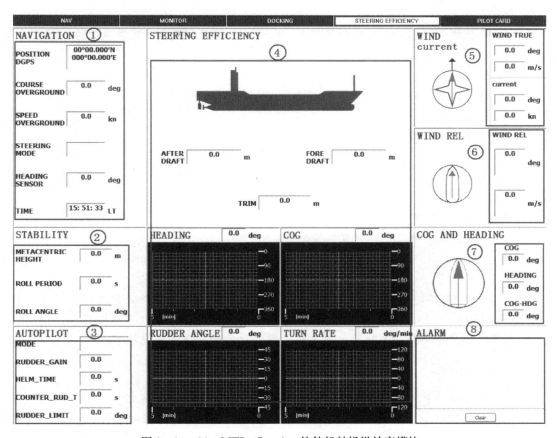

图1-10-26 MTI-Conning 软件船舶操纵效率模块

（4）船舶首尾吃水及吃水差，以及航向、COG、舵角、转向速率的记录。

实验十 船舶组合导航系统操作

一、实验目的

通过模拟器的学习，进一步了解船舶组合导航系统的基本组成，并正确掌握操作步骤。通过实验，对学生进行基本技能训练。巩固和加强学生对理论知识的理解，提高分析和解决实际问题及应用船舶组合导航设备的综合能力。

二、实验内容

认识组合导航系统及熟悉综合显示器及控制台的功能，掌握数据操舵和数据航行（操舵系统和各种传感器设备）的使用。

三、实验前的准备

复习《航海仪器（上册：船舶导航设备）》教材第八章的内容，并预习本次实验内容。

四、实验过程

先由实验教师介绍 Conning 综合显示台、电子海图显示和信息系统整体结构、菜单的组成和应用，具体包含以下内容：

(1) 航行灯、甲板灯切换。

(2) 侧推器和声号面板。

(3) 舵系统面板。

(4) 缆绳控制和抛锚控制面板。

(5) 车钟。

(6) 仪表盘。

(7) 报警面板。

(8) Conning 软件显示终端。

要求学生分组完成操作，并完成实验报告。

五、注意事项

1. 实验设备的使用要求严格按程序进行，任何人未经许可不得在实验过程中打开设备，以免发生其他问题。

2. 实验过程中如遇到异常现象，应立即关机并报告实验指导教师处理。

六、实验报告

1. 实验室组合导航系统的操舵模式有几种选择，并说出对应的英文。

2. 根据实验室组合导航系统的车钟，分别介绍不同英文命令对应的中文：SEA、FULL（AHEAD）、HALF（AHEAD）、SLOW（AHEAD）、DEAD SLOW（AHEAD）、STANDBY、STOP、FWE、DEAD SLOW（ASTERN）、SLOW（ASTERN）、HALF（ASTERN）、FULL（ASTERN）。

3. 请列出船舶操舵系统有哪三种工作模式，并说明其特点。

4. 介绍抛锚和收锚的具体步骤。

5. 介绍实验室组合导航系统 Conning 的航行模块包含哪些信息，并说明本模拟器当前的船位、对地航向、对地航速、船首向以及操舵模式。

第十一节　航海六分仪的检查、校正和使用

一、六分仪结构及原理

在测天定位中，需要求取天文船位圆的半径，航海上一般通过测天体高度求取天文船位圆半径。六分仪是航海上专门用于观测天体高度的测角仪器，其具有测量精度高、操作方便、结构简单等优点。六分仪结构如图 1-11-1 所示。

六分仪的测角原理基于平面镜反射定理，即光线的入射角等于反射角。光线连续经过两个平面镜反射，光线入射方向与最后反射出方向的夹角等于两镜夹角的二倍，如图 1-11-2 所示。

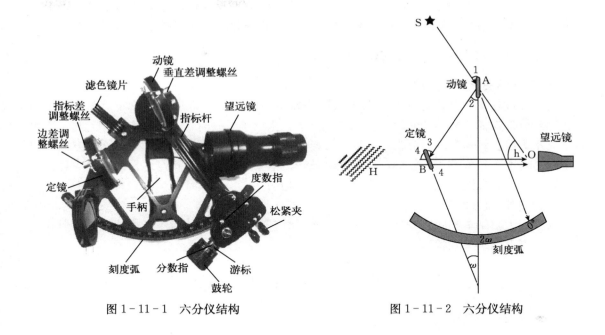

图 1-11-1 六分仪结构   图 1-11-2 六分仪结构

二、六分仪测角读数的读取法

在六分仪的刻度弧上，从 0°向左到 140°的一段弧长称主弧，读数为正（＋）。从 0°向右到 5°的一小段弧长称余弧，读数为负（－）。六分仪测角读数可由刻度弧、鼓轮和游标 3 个部分相加读出。

三、六分仪的检查和校正

（一）检查和校正动镜的误差

将指标杆移至 35°左右，左手平握六分仪，刻度弧朝外，眼睛置于动镜后，如果从动镜中看到的反射刻度弧与直接看到的刻度弧成一连续的弧线时，表示没有误差。如果不成一连续的弧线而高低错开时，表明存在动镜差，需要校正。此时可用校正扳手慢慢转动动镜后面的校正螺丝，边看边转动校正扳手，直到反射和实际弧像位于同一弧线上，从而消除动镜差。

（二）检查和校正定镜的误差

加适当滤光片，将指标杆放在 0°，六分仪保持垂直对准太阳（或星体），慢慢地正、反转动鼓轮，仔细观察太阳（或星体）和其反射影像是否有左右分开现象。如有此现象，说明定镜存在误差。可用校正扳手调整定镜后离架体较远的校正螺丝，使直接影像和反射影像左右不分开，直至完全重合为止。

（三）测定指标差

（1）利用水天线测定指标差。指标杆放在 0°，去掉滤光片，调好焦距，对准水天线方向，转动鼓轮，使直射和反射水天线呈现一高一低现象，严密相接成一直线，此时六分仪读数为 M，则指标差 $I=0°-M$。

（2）利用星体测定指标差。测定方法与水天线方法相同。

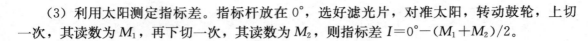

（3）利用太阳测定指标差。指标杆放在 $0°$，选好滤光片，对准太阳，转动鼓轮，上切一次，其读数为 M_1，再下切一次，其读数为 M_2，则指标差 $I=0°-(M_1+M_2)/2$。

四、使用六分仪观测天体高度

（一）太阳高度观测方法

指标杆放在 $0°$，加好滤光片，对准太阳保持垂直，左手捏紧指标杆的松紧夹，右手向下转动六分仪架体，转动期间保持太阳在视野中，接近水天线时，去掉定镜前滤光片，以免看不见水天线。轻轻摆动六分仪，可见太阳影像移动的弧线，同时要稍微改变面对方向使望远镜中心对准圆弧最低点，然后，左手转动鼓轮，上午应将太阳下边与水天线重叠少许，下午则将太阳下边拉到水天线上方少许，最后等待相切。

（二）星体高度观测方法

与观测太阳基本相同，测星一般在晨光昏影时进行。观测星体时不必加滤光片，但要使星体中心亮点和水天线相切。

实验十一　航海六分仪的检查、校正和使用

一、实验目的

熟悉航海六分仪的组成结构，了解六分仪工作原理及各项误差产生的原因。能够独立完成航海六分仪的各项检查和校正工作，并准确测量天体高度。

二、实验内容

1. 熟悉六分仪结构和测量原理。
2. 检查和校正六分仪的动镜差、定镜差和指标差。
3. 利用航海六分仪测量太阳实时高度，并掌握星体高度观测方法。

三、实验前的准备

提前预习教材中六分仪测角原理和误差产生原因。

四、实验过程

1. 熟悉六分仪结构和使用

熟悉六分仪各部分结构名称及作用，准确读取六分仪读数。

2. 六分仪的检查和校正

（1）检查和校正动镜的误差。

（2）检查和校正定镜的误差。

（3）测定指标差。

3. 测量太阳高度

使用六分仪测量实时太阳高度并做好记录。

五、注意事项

1. 使用六分仪时应握住手柄操作，避免抓取其他位置导致设备损坏或产生误差。

2. 观测前应调整望远镜焦距再观测，测量太阳时注意适当使用滤片，防止眼睛受伤。

六、实验报告

1. 简述实验过程中是如何检查六分仪动镜差、定镜差及指标差的，并简述校正操作。
2. 测量实时太阳高度，如观测条件较差则测量教师指定物标，并记录读数。

第十二节　观测天体求罗经差

一、观测天体求罗经差的基本原理

罗经是船舶重要导航仪器，在船舶航行过程中，航海人员应尽可能利用一切机会测量罗经差。利用天体测定罗经差是一种测量罗经差的主要方式，本节实验将重点介绍几种常用的观测天体求罗经差的方法。

测量天体求罗经差的原理：

$$\Delta C = TB - CB$$

式中，CB 是天体的罗方位，TB 是天体的真方位，海上以推算船位为基准求得的天体的计算方位 A_c 来代替天体的真方位 TB。

由于天体的计算方位 A_c 是利用推算船位求得的，因此天体的计算方位 A_c 与天体真方位之间也会产生误差。这种误差一般不可避免，但应该尽可能降低其影响，观测低高度天体可以减小此误差。另外，在利用罗经观测天体方位 CB 时，应尽可能保证罗经面水平，否则会导致倾斜误差 ΔB 的出现。

观测低高度太阳方位求罗经差是航海实践中普遍使用的方法，此外还可以通过观测太阳真出没、观测北极星等方式求取罗经差，因实验条件所限，本实验以观测低高度太阳方位求罗经差为主。

二、观测低高度太阳方位求罗经差

（一）熟练使用方位仪

观测低高度太阳罗方位 CB 并记录，同时记下准确观测时间。观测时应注意：
（1）应观测低高度太阳的罗方位，其高度应低于 30°，最好低于 15°。
（2）观测时应尽量保持罗经面水平。
（3）为避免粗差和减小随机误差的影响，一般应连续观测三次，取平均值作为对应于平均时间的罗方位。罗经读数读至 0.5°，观测时间准确到 1 min。
（4）观测时应测太阳的中心方位。

（二）求观测时太阳的计算方位

通常有三种方法，即：利用《航海天文历》和计算公式求取计算方位、利用《太阳方位表》求取计算方位以及利用《航海天文历》和 GPS 位导仪求取计算方位。本实验中选取前两种方法。

1. 利用《航海天文历》和计算公式求取计算方位
以测天时间为引数，查找《航海天文历》，求得太阳的半圆地方时角 LHA 和赤纬 Dec。

测量时的推算纬度为 φ_c，则计算方位 A_c 可由下式求取：

$$\mathrm{ctg}A_c = \cos\varphi_c \, \mathrm{tg}Dec \, \mathrm{csc}LHA - \sin\varphi_c \, \mathrm{ctg}LHA$$

利用上式时应注意：

φ_c 恒为"+"；Dec 与 φ_c 同名，Dec 为"+"。Dec 与 φ_c 异名，Dec 为"一"；LHA 和 A_c 均为半圆周法；A_c 的第一名称与测者纬度同名，第二名称上午观测为"E"，下午观测为"W"。

2. 利用《太阳方位表》求取计算方位

先根据观测日期从"太阳赤纬表"和"时差表"中查得太阳赤纬 Dec 和时差 ET，再求观测时的视时 LAT，$LAT=LMT+ET=ZT\pm D\lambda+ET$，注意视时 LAT 需要换算成上午视时（a. m.）或下午视时（p. m.）。最后以纬度 φ、赤纬 Dec、视时 LAT 为引数，可以从《太阳方位表》中查出太阳半圆方位。需注意的一点是，在利用纬度 φ、赤纬 Dec、视时 LAT 查表时，如表中无一致读数，应选取数值接近的纬度 φ_T、赤纬 Dec_T 和视时 LAT_T 查表，再通过内插求得计算方位 A_c。

(三) 求取罗经差

利用下面公式求取罗经差，并做好记录：

$$\Delta C = A_c - CB$$

实验十二　观测天体求罗经差

一、实验目的

掌握观测天体求罗经差的原理和观测注意事项。掌握观测低高度太阳方位求罗经差的方法，了解观测太阳真出没、观测北极星求罗经差的方法。

二、实验内容

1. 测低高度太阳罗方位。
2. 利用《航海天文历》或《太阳方位表》，求取太阳计算方位，求取罗经差。

三、实验前的准备

预习使用罗经测量天体方位，预习《航海天文历》和《太阳方位表》使用方法，预习观测天体求罗经差的原理。准备计算器。

四、实验过程

(一) 观测低太阳罗方位 CB

注意选取低高度太阳进行观测，按实验三中方法使用方位仪测量太阳方位，并记录准确时间。

(二) 求观测时太阳的计算方位 A_c

使用以下其中一种方法计算观测时的计算方位 A_c。

1. 利用《航海天文历》和计算公式求取计算方位。
2. 利用《太阳方位表》求取计算方位。

（三）求取罗经差

利用公式求取罗经差，并做好记录。

五、注意事项

1. 注意选取低高度太阳作为观测目标，其高度应低于30°。为避免粗差和减小随机误差的影响，一般应连续观测三次，取平均值作为对应于平均时间的罗方位。

2. 观测时间应注意记录准确。

六、实验报告

1. 描述观测太阳方位具体操作方法。

2. 分别简述利用《航海天文历》和利用《太阳方位表》求取计算方位的方法，并说明二者有何不同。

3. 计算所用罗经的罗经差，并做好记录。

第二章

船舶导航雷达

第一节　雷达结构认识及基本操作

一、雷达结构

航海雷达采用收发一体的脉冲体制，通常由收发机、天线和显示器组成，并被分装在不同的箱体，分别安装在船舶适当的位置。根据雷达设备分装形式不同，又可称为桅上型雷达或桅下型雷达。桅下型雷达被分装为天线、收发机和显示器三个箱体，一般天线安装在主桅上，显示器安装在驾驶台，收发机则安装在海图室或驾驶台附近的设备室里。如果收发机与天线底座合为一体装在主桅上，显示器安装在驾驶台里，这样的分装形式称为桅上型雷达。桅下型雷达便于维护保养，多安装在大型船舶上，一般发射功率较大。而中小型船舶常采用发射功率较低的桅上型配置，设备成本较低。

（一）雷达组成框图

无论雷达采用哪种分装形式，航海雷达都采用了传统的脉冲发射和接收体制，其基本组成框图如图 2-1-1 所示。与雷达出厂分装相比，原理图中的定时器、发射机、接收机和双工器构成了雷达收发机，对于桅下型雷达，这是一个单独的箱体，而对桅上型雷达来说，则与天线共同组成了天线收发单元，俗称为"雷达头"。

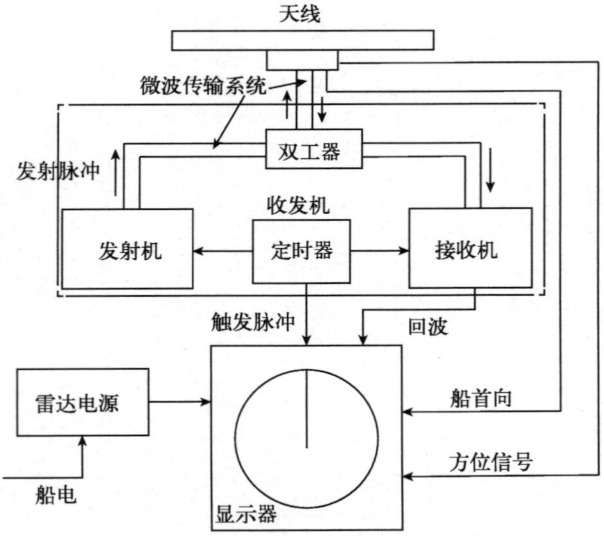

（二）发射机

在触发脉冲的控制下，发射机产生具有一定宽度和幅度的大功率射频脉冲，通过微波传输线送到天线，向空间辐射。

图 2-1-1　雷达组成框图

发射机主要由定时器（触发脉冲产生器）、调制器、磁控管和发射机附属电路组成。

1. 定时器

定时器常被称为触发脉冲产生器，是雷达的基准定时电路。触发脉冲传输分三路，一路送到调制器，控制发射机正常工作；一路送到接收机，控制海浪抑制电路工作，抑制海浪杂波；还有一路送到显示器，经过适当延时后，控制显示器开始扫描。

2. 调制器

在触发脉冲的作用下，调制器产生具有一定宽度的高幅值矩形调制脉冲，控制磁控管的发射。

3. 磁控管振荡器

磁控管是一种结构特殊的大功率微波振荡真空电子器件，除了阴极和阳极以外，磁控管外部还有一个高场强的永久磁铁。磁控管的工作寿命通常为 3 000～9 000 h。磁控管在正常发射之前，需要有 3 min 以上的加热时间，使阴极充分预热，以延长磁控管使用寿命。因此雷达首次接通电源 3 min 之后，雷达发射机才能进入预备工作状态。

4. 发射机的工作波段

雷达的工作波段由磁控管振荡器产生的微波振荡的频率决定。航海雷达主要工作波段有 S 和 X 两个波段，它们的频率和波长为：

X 波段雷达：工作频率 9 GHz、波长 3 cm，通常简称 3 cm 雷达。

S 波段雷达：工作频率 3 GHz、波长 10 cm，通常简称 10 cm 雷达。

（三）微波传输与天线系统

雷达微波传输及天线系统由微波传输系统、双工器、天线、方位电机与同步信号发生器以及驱动马达和传动装置等组成。

1. 微波传输系统

在雷达收发机与天线之间传递微波信号的电路系统称为微波传输系统。不同波段雷达的微波传输系统也不同。3 cm 雷达一般采用波导，而 10 cm 雷达多采用同轴电缆及相关元件作为微波传输系统（图 2 - 1 - 2）。

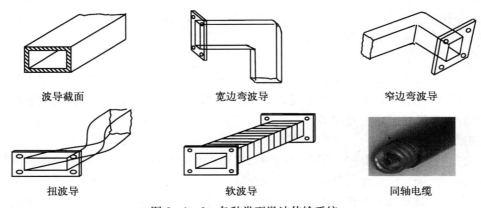

波导截面　　　　　宽边弯波导　　　　　窄边弯波导

扭波导　　　　　软波导　　　　　同轴电缆

图 2 - 1 - 2　各种类型微波传输系统

2. 双工器

雷达天线是收发共用天线，雷达发射的大功率脉冲如果漏进接收机，就会烧坏接收机前端电路。发射机工作时，双工器使天线只与发射机连接；发射结束后，双工器自动断开天线与发射机的连接，恢复天线与接收机的连接，实现天线的收发共用。双工器阻止发射脉冲进入接收机，保护接收机电路。

3. 雷达天线

雷达采用定向扫描天线，天线转速通常为 20～25 r/min，少数高转速天线的转速高于 40 r/min。从空中俯瞰雷达天线，其应顺时针旋转。

航海雷达普遍采用隙缝波导天线（图 2-1-3），它由隙缝波导辐射器、扇形滤波喇叭、吸收负载和天线面罩等组成。

图 2-1-3　隙缝波导

4. 方位电机与同步信号发生器

方位电机与同步信号发生器是方位指示与同步系统的一个组成部分，它将天线的方位基准信号（船首方位信号）和瞬时天线角位置信号准确地传送给显示器。

5. 驱动马达与传动装置

驱动马达可保证雷达天线能够在相对风速 100 kn 时正常工作。很多雷达的天线上设有安全开关，当人员在天线附近维护作业时，可以切断电源，防止意外启动雷达。驱动马达的转速一般在 1 000～3 000 r/min，为保证天线转动平稳，通过由皮带轮和/或齿轮机构组成的动力传动装置降速，带动天线以额定转速匀速转动。应每年定期检查皮带的附着力并更换防冻润滑油，做好维护保养，保证传动装置工作正常。

（四）接收机

航海雷达接收机采用超外差接收技术，主要由微波集成放大器、混频器、中频放大器和检波器、视频放大器、增益控制、海浪抑制等电路组成。

天线接收到的微弱射频回波信号，经过双工器送到接收机，再经过低噪声微波集成放大器（MIC）放大，改善射频回波信噪比。变频器将射频回波信号转变为中频回波信号后，在中频放大器中对回波进行放大。经过去除海浪杂波和放大后的中频回波信号，再经过检波器，转变为视频回波信号，送到显示器显示。

1. 变频器

变频器由混频器和本机振荡器组成。其作用是将射频回波信号频率转换为频率较低的中频信号，适合中频放大器工作。通常通过设在显示器面板上的调谐按钮来控制变频器，以保证混频器输出频率稳定在上述中频。

2. 中频放大器

航海雷达中频放大器普遍采用宽带调谐高增益对数级联放大器，这种放大器对小信号保持着较高的放大量，而对大信号的放大倍数较低，从而扩大了放大器的动态范围。为了适应不同观测者在不同环境下对雷达观测的要求，航海雷达均采用手动增益调整来大范围调整中频放大器的放大量，从而改变回波在屏幕上的影像亮度。

3. 杂波抑制电路

雷达是在杂波环境下检测回波的。通常在接收机电路中设有海浪杂波抑制电路和恒虚警率处理电路，以获得清晰的回波。

4. 检波及视频放大器

经过处理的回波中频信号，经过检波器后，转变为视频回波信号。

(五) 显示器

雷达显示器是目标回波的显示单元。在显示器上，驾驶员能够观测到目标回波，并借助各种刻度计量系统，测量目标的方位和距离。连续观测目标运动，建立目标的运动轨迹，还能够获得周围目标的运动参数，避免船舶碰撞，引导船舶安全航行。

航海雷达图像采用极坐标平面位置显示原理，扫描中心代表本船（天线位置），目标回波在屏幕上以加强亮点显示。径向扫描线上点的位置到扫描中心的距离代表该点目标到本船的距离。

目前，实现雷达显示的技术处理手段有两种，即模拟处理方法和数字处理方法，对应的显示设备有 PPI 显示屏、光栅显示屏及液晶显示屏。

(六) 电源

为了能够稳定可靠地工作，雷达都设计有自己的电源系统，将船电转变为雷达需要的电源，再给雷达供电。雷达电源的电压与船电基本相同，为 $100\sim300$ V，但其频率通常高于船电频率，在 $400\sim2\,000$ kHz，称为中频电源。采用中频电源，能够有效隔离船电电网干扰，向雷达输出稳定可靠电源，缩小雷达内部电源设备尺寸，从而减小雷达设备体积。

二、雷达控钮

雷达主要控钮分为控制电源的开关、调整图像质量的控钮、提供测量手段的控钮、杂波干扰抑制控钮、显示方式选择控钮、附属操作控钮。

(一) 电源控钮

1. 电源开关 (power switch)

雷达供电系统中设有船舶电源开关和雷达电源开关两个串联着的电源控制开关。大多数船舶为了满足雷达设备输入额定电压的要求，在船舶电源开关与雷达电源开关之间还设有电压变换器（变压器或交直流电压转换器）。除此之外，为确保船舶在一旦失电紧急情况下，雷达设备（24 V 直流供电的雷达设备）能在一定时间内保持正常使用，船舶雷达供电系统中还设计了船舶电源、船舶应急电源（通常是蓄电池）转换开关，该开关通常置于船舶电源供电位置。

（1）船舶电源开关（ships power switch）。船舶电源开关设有 ON 和 OFF 两个工作位置。它的作用是接通或切断船舶电源对雷达设备的供电。通常控制雷达供电的船舶电源开关装配在船舶驾驶台的助航仪器配电柜的控制面板上。雷达设备开机前和关机后，该开关应处于 OFF 位置，确保在雷达设备停止使用时，切断船舶电源对雷达设备或电压转换器的供电。

（2）雷达电源开关（RADAR power switch）。设置在雷达显示器控制面板上的电源开关称为雷达电源开关。有两种工作模式的雷达电源开关，其中一种工作模式的雷达电源开关具有两个工作状态 ON 和 OFF。它的作用是接通或切断雷达供电，当它置于 ON 位置时，接通雷达供电，雷达逆变器开始工作，逆变器对雷达各单元设备（除发射机高压电源外）供电，雷达处于"预热"状态；置于 OFF 位置时，切断雷达供电，逆变器停止工作。另外一种工作模式的雷达电源开关具有 3 个工作状态"OFF - STANDBY - ON"。它的作用是在"STANDBY"状态下接通雷达供电，雷达处于"预热"状态，在 OFF 状态下切断雷达供电，而在 ON 状态下接通雷达发射机高压供电，雷达整机进入工作状态。

2. 发射机工作开关（TX/STBY）

对于具有 ON、OFF 雷达电源开关的雷达设备，发射机工作开关用来控制发射机的工作状态。当雷达电源接通后，磁控管元件开始预热，当磁控管元件预热 3 min 结束时，雷达屏幕中心提示"STANDBY"，发射机工作开关具有 TX、STBY 两个位置。此时将该开关置于 ON 位置，发射机进入工作状态。在发射机工作期间，将该开关返回 STBY 位置，发射机又停止工作，雷达恢复到"STANDBY"状态。船舶在雾航、狭水道航行时，驾驶员需要进行频繁的雷达观测，为了保证雷达设备使用的可靠性，将一部雷达置于 ON 状态，而另一部雷达置于"STANDBY"状态，经过一定的时间间隔后，再将两部雷达设备交替使用。

3. 天线电源开关（antenna power switch）

天线电源开关设计为显示器上和天线上两个串联式控制开关。它们具有 ON 和 OFF 两个工作位置，其作用是接通或断开天线驱动马达的供电。大型航海雷达天线驱动马达的供电是船电，或者是经过电压转换器变换后的船电。现代雷达将天线电源开关设计为不仅控制天线驱动马达供电，而且还连动控制发射机供电继电器的工作，天线电源开关处于 OFF 位置时，发射机由于供电继电器触点处于"常开"位置而停止工作。当天线周围有人工作时，工作人员可以事先将天线上的电源开关置 OFF 位置，这样不仅可以避免天线辐射器转动带来的安全隐患，而且可以避免高频辐射带来的人体危害。

（二）图像质量控钮

1. 亮度控钮（brill）

PPI 显示器型雷达，亮度控钮的作用是调整扫描线亮度。开关机前该控钮逆时针调到最小位置；正常使用时，调节该控钮使雷达屏幕上的扫描线刚刚看不见。

TV 显示器型雷达，亮度控钮的作用是调整光栅亮度。虽然 TV 显示器采用了 CRT 自动消亮点电路技术，但是过强的光栅亮度将会产生雷达观测对比度差的影响，夜航时还会影响到船舶驾驶员的正常瞭望。通常调整适中的光栅亮度进行观测。另外 TV 显示器上除了设置亮度控钮外，还在雷达控制软件中设置了屏幕亮度选择菜单，菜单中有白昼和夜晚两项屏幕亮度选择，船舶驾驶员可以根据驾驶台自然光的强度，适当选取白昼或夜晚屏幕亮度，然后再进行亮度控钮的调节，使光栅亮度适中。

TFT 显示器型雷达，亮度控钮的作用和调节方法与 TV 显示器的雷达类同。

TV 显示器型雷达和 TFT 显示器型雷达屏幕亮度调节适中后，开关机前不必逆时针方向置于最小位置。

2. 增益控钮（gain）

增益控钮的作用是调整雷达接收机的灵敏度。调节该控钮，可以改变屏幕上视频回波的强度。开关机前该控钮逆时针调到最小位置。正常使用时，调节该控钮使雷达屏幕上的接收机噪声信号刚刚看得见。噪声信号强度的适中，既提供了理想的雷达观测背景，又满足了接收机灵敏度的要求。由于雷达电磁波穿越雨区时，射频信号强度会有一定程度的衰减，使目标反射功率下降，为了有效观测雨区或雨区以外的目标回波，要适当提高接收机的增益。船舶进出港时，为了减少其他干扰杂波对雷达观测的影响，要适当地调低接收机增益。

3. 调谐控钮（tuning）

调谐控钮由"初调"控钮和"微调"控钮组成，"初调"控钮装配在机内，"微调"控钮装配在操作面板上，它们的作用都是改变雷达接收机本级振荡器的振荡频率。调节调谐控钮，雷达接收机中频信号的频率随之变化。调谐最佳时，可获得清晰而饱满的视频回波图像，同时调谐指示也会指示最大位置。

雷达设备使用过程中由于受器件温度的变化、逆变器输出电压波动等因素影响，往往会导致本级振荡器输出频率变化，为了校正这种变化，需要进行本级振荡器输出频率的调整，即接收机调谐。接收机调谐方法大致分为两种形式：一种是机械调谐和电调谐相互配合的调谐方法，它适用于采用速调管振荡器、耿氏振荡器作为本机振荡器的接收机调谐，现在已经很少使用。另一种是单纯的电调谐方法，它适用于 MIC 器件作为本机振荡器、混频器、选频网络的接收机调谐。MIC 振荡频率的调谐方法又分为电位器调节和菜单设置调节两种。无论电位器调节还是菜单调节，都是通过改变 MIC 器件调谐端的电压，来改变 MIC 器件的振荡频率。

接收机调谐前，"微调"调谐控钮至中间位置，使得接收机调谐后保留一定的微调动态范围。

4. 脉冲宽度选择开关（pulse length selector）

与量程转换开关控制脉冲宽度转换不同，脉冲宽度选择开关是在同一量程下选择不同的脉冲宽度。大多数雷达在 0.5 nm、0.75 nm、1.5 nm、3 nm、6 nm、12 nm、24 nm 量程上设置了 3~4 种脉冲宽度。同时在最小量程仅设置一种最短脉冲，而在超过 24 nm 以上量程仅设置一种最长脉冲。脉冲宽度转换影响到雷达观测的距离分辨率、观测目标的最小距离、观测目标的最大距离等观测效果。

（三）测量控钮

1. 活动距标控钮（variable range mark）

活动距标控钮由活动距标显示选择（或亮度）和活动距标距离调节两个控钮组成。活动距标显示选择（或亮度）控钮使活动距标信号出现，活动距标距离调节控钮可以改变活动距标信号相对扫描中心的位置。调整活动距标距离调节控钮，使活动距标圈的内缘与物标的前沿相切，此时活动距标读数器显示的读数是该物标距本船的距离。雷达通常设置两个活动距标控制与显示系统，可以单独使用，也可以同时使用。

2. 固定距标控钮（range rings）

固定距标控钮控制固定距标圈的显示与否。许多雷达将该控钮的功能设置在雷达菜单中，选择固定距标圈 ON 或 OFF 来控制固定距标圈的显示与否。固定距标圈还可以用来校正活动距标误差。固定距标测距有时采用估算的方法获取物标相对本船的距离，存在一定的读数误差。

3. 电子方位线控钮（electronic bearing lines）

电子方位线控钮由电子方位线显示选择（或亮度）控钮和电子方位线调节控钮两个控钮组成。电子方位线显示选择（或亮度）控钮使电子方位线信号出现，电子方位线调节控钮可以改变电子方位线信号相对船首线（或北）的位置，此时电子方位线读数器显示出电子方位线相对本船船首（或北）的方位读数。雷达通常设置两条电子方位线控制与显示系统。

4. 电子方位线偏心控钮（offset EBL）

电子方位线偏心控钮用来调整电子方位线偏心显示功能。当船舶驾驶员欲观测某一参考目标相对待定目标时，电子方位线的偏心显示功能会非常方便。一条电子方位线测量待定目标相对于参考目标的方位，另一条电子方位线中心显示，测量待定目标相对本船的方位，同时可以完成待定目标识别和待定目标确认两项观测项目。电子方位线的偏心显示还可用作安全避险线。

电子方位线偏心显示时，该方位线上的活动距标圈测取的距离是距偏心点的距离。

5. 量程转换开关（rang selector）

量程转换开关用来改变雷达观测的距离范围。航海雷达观测范围必须设有 0.25 n mile、0.5 n mile、0.75 n mile、1.5 n mile、3 n mile、6 n mile、12 n mile、24 n mile 量程。量程转换开关还可以转换发射机的发射脉冲宽度和脉冲的重复频率。近距离（$\leqslant$1.5 n mile）量程观测时，为了提高雷达观测的距离分辨率，通常采用短脉冲。远距离（$\geqslant$24 n mile）量程观测时，为了提高雷达观测的灵敏度，通常采用长脉冲。雷达开关机前，量程转换开关应选择中距离（6 n mile 或 12 n mile）量程，以便驾驶员雷达观测和船舶操纵能够同时兼顾本船近距离避让和中距离导航。

（四）杂波抑制控钮

1. 海浪干扰抑制控钮（sea clutter）

有两种海浪干扰抑制的方式，一种是自动海浪干扰抑制，另外一种是人工海浪干扰抑制。无论哪一种方式，都是通过改变一个随时间变化而呈现负指数曲线变化的电压来控制接收机中频放大器近距离的增益。海浪干扰抑制最大范围取决于负指数曲线变化的电压的初始值，初始值的绝对值越大，近距离抑制程度越深、积分时间越长、对应的抑制范围越大。由于海浪干扰回波的特点是上风大于下风、随距离的增加而明显减弱，因此雷达海浪干扰抑制使用效果应该使下风船舷海浪干扰杂波消失、上风船舷海浪当中的小物标保留。

开关机前海浪干扰抑制控钮选择人工抑制方式，逆时针方向调到最小位置。正常使用时要保持"雷达天线高度 15 m，有海浪干扰海面，3.5 n mile 以上的图像清晰"的原则。

2. 雨雪干扰抑制控钮（rain clutter）

有两种雨雪干扰抑制的方式，一种是自动雨雪干扰抑制，另外一种是人工雨雪干扰抑制。无论哪一种方式，都是对回波视频信号进行微分的结果。通过微分减弱或消除雨、雪、雹等形成的干扰回波。在雷达显示器的视频处理过程中，视频信号经过微分电路处理后，矩形脉冲信号前、后沿分别变为尖脉冲信号，雷达仅显示其前沿脉冲信号。因此，使用雨雪干扰抑制后，不仅可以消除雨雪等干扰回波对雷达观测的不良影响，而且还可以提高雷达观测的距离分辨率。

雨雪干扰抑制要根据海况气象因素设置自动或手动方式，采用自动微分形式时，微分的深度是恒定的；采用手动微分形式时，微分的深度是连续可调的。

开关机前雨雪干扰抑制控钮选择人工抑制方式，逆时针方向调到最小位置。无论使用哪一种微分形式，使用效果都要保留雨雪中的小目标回波不被丢失。

3. 雷达同频干扰抑制控钮（interference rejector）

雷达同频干扰抑制控钮的作用是消除来自其他船舶相同波段雷达射频信号被本船雷达所接收而在本船雷达屏幕上形成的同频干扰信号。雷达同频干扰抑制一般设置为 3～4 级，级数越高，同频干扰抑制的效果越好，雷达屏幕越清晰。雷达同频干扰抑制采用了视频信号"相关"处理技术，对回波信号也有一定的抑制作用，使用同频干扰抑制应该有效地消除同频干扰信号而保留小物标回波信号。

（五）转换显示方式的控钮

该控钮用来选择雷达图像的显示方式，通常有以下几种显示方式可供选用：

① 首向上相对运动（head up relative motion）；②北向上相对运动（north up relative motion）；③航向向上相对运动（course up relative motion）。

三、雷达操作

（一）开机前检查项目

（1）检查天线单元是否有人或是否存在影响天线辐射器旋转的障碍物。

（2）检查雷达操作面板上亮度、增益、海浪干扰抑制、雨雪干扰抑制、抗同频干扰等控制旋钮是否置于逆时针最小位置；调谐旋钮至中间位置；量程转换开关置于中量程或空挡位置，传统 PPI 雷达的亮度和增益应预置在最小位置。

（二）雷达一般开机步骤

（1）接通船舶电源。

（2）接通雷达电源，雷达进入"预备"状态，等待 3 min。

（3）待雷达进入"预备好"状态，将发射开关置于"发射"位置。

（4）调整亮度，对于光栅扫描雷达，使屏幕亮度与环境适应，适于观测；对于 PPI 雷达，使扫描线刚刚看不见。

（5）调整增益，使噪声斑点刚刚看得见。

（6）调整调谐，在调谐指示达到最大时，再微调调谐确认回波饱满、清晰；然后置调谐于自动调谐，并确认回波质量不低于手动调谐的最佳效果，否则采用手动调谐。

（7）在需要的时候，使用各种抗干扰电路和雷达图像质量辅助控制装置。

四、Sperry 雷达真机操作实例

（一）系统控钮

操作者通过一个集成的控制面板、显示器控钮和电源开关来控制 VisionMaster FT 系统，如图 2-1-4 所示。

1. 控制面板

控制面板由以下内容组成，如图 2-1-5 所示。

① 跟踪球组件；②旋转控钮；③调整和确认按钮。

图 2-1-4 Sperry VisionMaster FT

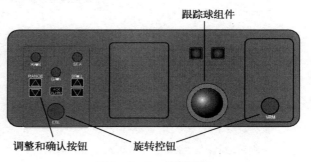

图 2-1-5 控制面板

2. 跟踪球组件

跟踪球组件包含跟踪球、左键和右键，跟踪球控制屏幕光标的位置。

3. 旋转控钮

旋转控钮包括：

（1）转动［EBL］控钮会自动启动 EBL1，顺时针或者逆时针旋转此控钮可调整 EBL1 的方位。

（2）转动［VRM］控钮会自动启动 VRM1，顺时针或者逆时针转动此控钮可调整 VRM1 的距离。

（3）［Gain］控钮调节当前设置的抗杂波模式下的视频增益。

（4）［Rain］控钮调节雨雪抗干扰的设置。

（5）［Sea］控钮调节海浪抗干扰的设置。

4. 调节和确认按钮

（1）［Range］按钮可以逐级地调节当前选中的量程大小。

（2）［Brill］按钮可以逐级地调节白天和夜间模式。

（3）点击［ACK ALARM］按钮确认当前显示的报警信息。

（二）系统启动

1. 开启系统

将控制面板下方的［On/Off］按钮（图 2-1-6），放置于 On 状态，启动系统。

2. 启动软件

系统启动后不久，屏幕出现 VisionMaster FT 启动窗口，并显示了此时系统软件的版本号、版权信息和显示加载状态信息的状态指示条，如图 2-1-7 所示。

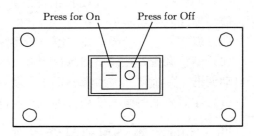

图 2-1-6 雷达开关

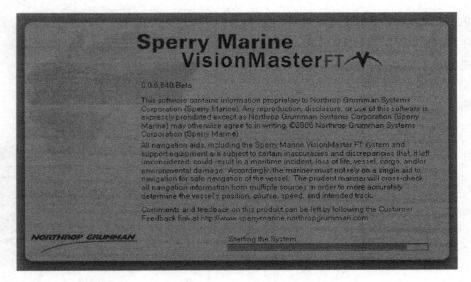

图 2-1-7 启动界面

当系统初始化完成之后，屏幕显示雷达窗口，且雷达处于预备状态。

3. 雷达发射

在系统启动后，雷达通常处于预备状态，代表本船的符号显示在图像的正中央。在预备状态下，图像显示 Radar Standby（雷达预备）的信息，如图 2-1-8 所示。

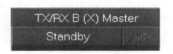

图 2-1-8　雷达预备状态

在预备模式下选择 Transmit 时，系统会进入发射模式，如图 2-1-9 所示。若要进入发射模式，操作如下：

（1）系统在预备模式时，将光标移动到 Standby 按钮。

（2）点击左键，雷达进入发射状态，Standby 从图像区消失并显示 Transmit。

图 2-1-9　雷达发射状态

4. 状态区域

屏幕的右下角有一个状态区域，此处有 4 个选项卡，可以点击每个选项卡进行页面切换，如图 2-1-10 所示。4 个选项卡显示了以下信息：

（1）Curs——指示光标位置的经纬度（前提系统已接入 GPS 信号）。

（2）Posn——指示本船当前的经度/纬度、本船的龙骨下水深、日期/时间等数据。

（3）Route——提供当前监视航线的简要数据。

（4）Trial——提供获取有关试操船的信息。

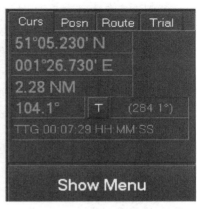

图 2-1-10　选项卡信息

5. 图像处理控制

图像处理控制位于显示器的左下角，如图 2-1-11 所示，包括：

（1）［Gain］增益。当改变量程或海况发生变化时，需调整增益。增益调整到噪声斑点刚刚可见时，可以达到最好的目标探测和远距离性能。在自动或者手动抗杂波模式下，增益都可以调整。

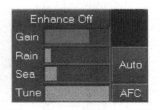

图 2-1-11　视频处理控制

（2）［Rain］雨雪干扰抑制。使用雨雪干扰机制控钮以优化雨雪杂波抑制。使用时始终要谨慎，过大的抑制会丢失一些小的目标。

（3）［Sea］海浪干扰抑制。使用抗海浪干扰控钮可以将海浪干扰减弱到仅出现残余杂波斑点。调整时必须允许类似海杂波信号强度的小目标能被发现，使用抗海浪杂波时始终要谨慎，避免抑制所有的海杂波而丢失一些小的目标。

（4）［Tune］调谐。有两种调谐模式，一种是自动调谐，另一种是手动调谐，系统默认为自动调谐模式。调谐模式只能在系统处于发射模式下可以调整使用，如图 2-1-12 所示。手动调谐或者自动调谐模式转换操作如下：

图 2-1-12　调谐显示

① 移动光标到自动/手动调谐选择区。

② 左键点击手动（Man）按钮或者自动调谐（AFC）按钮。

6. 量程

提供一系列预先设定的量程，量程可从 0.125 n mile 改变到 96 n mile，如图 2-1-13 所示。

点击"＜"减少量程，点击"＞"增大量程；或者使用左键点击下拉菜单，选择显示的相应量程。

图 2-1-13　量程显示

7. 固定距标圈

操作人员使用固定距标圈按钮能够打开或关闭固定距标圈。当打开固定距标圈按钮时，按钮以海里为单位，显示当前的固定距标圈距离，如图 2-1-14 所示。

图 2-1-14　固定距标圈

8. 传感器信息显示

导航传感器发送的数据显示在传感器数据的显示屏上。在预备模式和发射模式下都是可用的信息。传感器信息包括船首向（HDG）、对水速度（STW）、对地航向（COG）和对地速度（SOG），如图 2-1-15 所示。

图 2-1-15　传感器信息显示

9. 本船的偏心显示

（1）在雷达图像区移动光标到想要的偏心位置，然后点击右键，选中的位置上会出现半透明的窗口，如图 2-1-16 所示。

（2）左键选择窗口中的"Off-centre Own Ship"选项，本船的中心移动到所选位置，所有海图和物标位置都会移动到相应的位置。

（3）点击"Close Menu"选项，可以取消操作并且窗口从屏幕上消失。

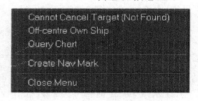

图 2-1-16　偏心显示

10. 雷达发射脉冲宽度

脉冲宽度按钮上显示了当前使用的脉冲宽度。共有三种脉冲宽度：

（1）短脉冲（SP）适用于近距离，以提高回波的分辨力和测距精度。

（2）长脉冲（LP）适用于远距离，以提高雷达发现目标的能力。

（3）中脉冲（MP）是一种用于提高分辨力与远距离探测能力的最佳脉冲。

通过以下方式改变脉冲宽度：

左键点击脉冲宽度按钮，如图 2-1-17 所示。根据量程的不同，会出现可用脉冲宽度的选项，选择相应的选项；或者右键点击脉冲宽度按钮，可用脉冲宽度的目录显示在下拉菜单中，左键选择需要的脉冲宽度。

图 2-1-17　脉冲宽度

11. 显示方式转换

有两种方式：

（1）点击显示方式按钮，循环选择显示方式（只有 N UP 和 C UP）。

（2）右击显示方式按钮，可用的显示方式列表以下拉菜单方式显示出来，当前选择的显示方式以勾选的方式表示出来，左击选择所需使用的显示方式，如图 2-1-18 所示。

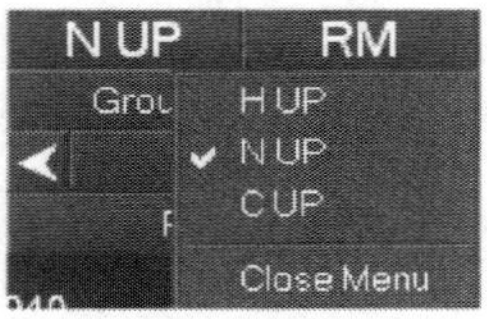

图 2-1-18　显示方式转换

12. 获得主菜单和子菜单功能

（1）在启动时主菜单功能是隐藏的，要获得这些功能，请移动光标到屏幕右下角的［Show Menu］按钮上，主菜单按钮显示在状态区域，如图 2-1-19 所示。

（2）点击主菜单按钮可以查看每一个项目的子菜单功能，所有被选定的项目子菜单功能都会显示在主菜单上。要想获得某一个功能请点击相对应的子菜单按钮。

13. 关闭系统

关闭雷达系统时，先将雷达置于预备状态，然后在系统菜单中选择 System 菜单，点击 Shutdown，等待 VisionMaster FT 响应，且 Windows 操作系统会关闭。当软件都完全关闭后，控制面板下方的［On/Off］按钮置于 Off 状态。

图 2-1-19　主菜单

五、JMA-9922/9923 雷达操作实例

1. 开机前检查项目

（1）检查天线单元是否有人或是否存在影响天线辐射器旋转的障碍物。

（2）检查雷达操作面板上的增益［GAIN］、海浪干扰抑制［SEA］、雨雪干扰抑制［RAIN］等旋钮是否置于逆时针最小位置；调谐［TUNE］旋钮是否置于中间位置；量程转换开关是否置于中量程或空挡位置。

2. 接通船舶电源

3. 接通雷达电源

位于操作键盘的左上角的雷达电源 POWER 开关，按一次发送指令开启雷达。雷达设备进入预热状态，预热结束之后，雷达屏幕左上角的 Preheat 状态变为 Standby 状态。点击"TX/STBY"，雷达屏幕左上角的 Standby 状态变为 Transmit 状态，雷达进入发射状态。

4. 屏幕亮度调整

调节［BRILL］旋钮，顺时针调节屏幕亮度增强，逆时针调节屏幕亮度减弱。

5. 接收机增益调整

调节操作键盘上方的［GAIN］旋钮，顺时针调节增大接收机的增益，逆时针调节降低接收机的增益，接收机增益调整使屏幕上的噪声信号刚刚看到。

6. 接收机调谐

可以选择自动调谐或人工调谐两种模式进行接收机调谐。

（1）人工调谐。使用操作键盘上的［TUNE］旋钮可以进行人工调谐。

（2）自动调谐。

① 按 [TUNE] 旋钮或者按 [MANUAL] 键，进入图 2-1-20 所示的界面。

② 在 "2.TUNE" 中使用光标选择 MANUAL 或者 AUTO。当选择了 MANUAL 时，使用 [TUNE] 旋钮进行人工调谐。当选择了 AUTO 时，雷达进行自动调谐。

③ 点击 [EXIT] 按钮关闭界面。

7. 偏心显示

(1) 点击屏幕右上方的 "OFF CENTER"。

(2) 移动十字光标 "+" 到要偏心的位置。

(3) 按光标左键即可实现偏心显示。

(4) 点击屏幕右上方的 "OFF CENTER"，中心将恢复到屏幕中心处。

图 2-1-20 调谐界面

8. 测量目标距离

(1) 固定距标圈测距。按屏幕左上方的固定距标圈符号，屏幕将出现固定距标圈。

(2) 活动距标圈测距。

① 开启活动距标圈。按一次操作键盘上的 [VRM 1] 键或者 [VRM 2] 键，屏幕有效面积上显示 VRM 1 或者 VRM 2 电子方位线符号。调节活动距标编码器，屏幕上 VRM 1 或 VRM 2 的活动距标圈随之变化，对应的读数窗显示观测距离。

② 关闭活动距标圈。按一次操作键盘上的 [VRM 1] 键或者 [VRM 2] 键，依次关闭 VRM 1 或者 VRM 2 窗口。

9. 测量目标方位

(1) 开启电子方位线。按一次操作键盘上的 [EBL1] 键或者 [EBL2] 键，屏幕有效面积上显示 EBL1 或者 EBL2 电子方位线符号。调节电子方位编码器，屏幕上 EBL1 或 EBL2 的电子方位线随之变化，对应的读数窗显示观测方位。

(2) 关闭电子方位线。按一次操作键盘上的 [EBL1] 键或 [EBL2] 键，依次关闭 EBL1 或者 EBL2 窗口。

10. 电子方位线偏心显示

(1) 点击 [MENU] 键，出现主菜单。

(2) 选择 "5.EBL1" 或者 "6.EBL2" 中的 OFFSET 选项。

(3) 移动光标到 EBL1 或者 EBL2 的起始点，点击左键即可实现电子方位线的偏心显示。

(4) 点击 [0] 键，主菜单关闭，如图 2-1-21 所示。

11. 选择显示模式

移动跟踪球，将跟踪球置于屏幕左上角的 "AZI MODE"（显示模式）方框内，按左键选择所需的显示模式。

12. 量程选择

使用操作键盘上的 [RANGE] 键选择所需的量程。点击量程键的 [+] 部分增加距离；点击量程键的 [-] 部分

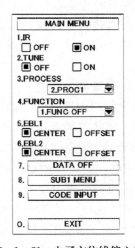

图 2-1-21 电子方位线偏心显示

減小距離，如图 2-1-22 所示。

13. 脉冲宽度转换

（1）移动跟踪球至屏幕左侧的"▯▯SP"（脉冲宽度）方框。

（2）按光标左键依次为短脉冲（SP）、中脉冲（MP）、长脉冲（LP）。

图 2-1-22　量程示意

14. 海浪杂波抑制

（1）自动调整海浪抑制。

① 按操作键盘上的 SEA 旋钮或者使用光标点击屏幕上的 SEA 按钮，进行自动海浪抑制。

② 按操作键盘上的 SEA 旋钮或者使用光标点击屏幕上的 SEA 按钮，关闭自动海浪抑制，如图 2-1-23 所示。

（2）手动调整海浪抑制。观察 SEA 级别指示器的同时，使用操作键盘上的 SEA 控制旋钮调整海浪抑制。

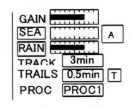

图 2-1-23　海浪调节示意

15. 雨雪杂波抑制

（1）自动雨雪抑制。

① 按操作键盘上的［RAIN］旋钮或者使用光标点击屏幕上的［RAIN］按钮，进行自动雨雪抑制。

② 按操作键盘上的［RAIN］旋钮或者使用光标点击屏幕上的［RAIN］按钮，关闭自动雨雪抑制，如图 2-1-24 所示。

（2）手动调整雨雪抑制。观察 RAIN 级别指示器的同时，使用操作键盘上的［RAIN］旋钮调整雨雪抑制。

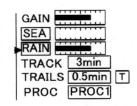

图 2-1-24　雨雪调节示意

16. 同频干扰抑制

（1）点击［MENU］，出现菜单界面。

（2）选择"1. IR"，左键点击［ON］键。雷达屏幕左下角显示雷达同频干扰抑制打开。

（3）选择"1. IR"，左键点击［OFF］键。雷达屏幕左下角显示雷达同频干扰抑制关闭。

（4）点击［EXIT］按钮，主菜单关闭，如图 2-1-25 所示。

17. 平行指示线

（1）点击屏幕上的"PI"，出现平行指示线菜单。

（2）选择"1. MODE"中的"ON"选项，屏幕出现平行指示线。

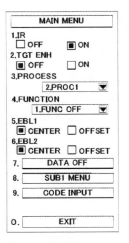
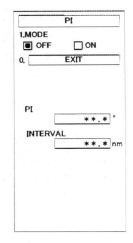

图 2-1-25　同频干扰抑制示意　图 2-1-26　平行指示线示意

（3）点击［EXIT］按钮，关闭平行指示线菜单，如图 2-1-26 所示。

18. 关机

（1）按操作键盘上的［TX/STBY］键，雷达屏幕从 Transmit 状态变为 Standby 状态。

（2）按操作键盘上的［POWER］键，电源关闭。

实验一　雷达结构认识及基本操作

一、实验目的

掌握雷达整机结构，掌握正确雷达操作步骤，了解雷达工作状态判断方法。巩固和加强学生对理论知识的理解，提高分析和解决实际问题及应用船舶导航雷达的综合能力。

二、实验内容

雷达结构认识，开关机操作步骤，重要控钮调整练习，雷达工作状态判断方法。

三、实验前的准备

1. 复习《航海仪器（下册：船舶导航雷达）》教材相关内容。
2. 预习本次实验内容和实验步骤。

四、实验过程

1. 雷达结构认识

桅上型雷达、桅下型雷达组成及各部分作用。

2. 雷达开关机步骤

(1) 开机前检查项目。

(2) 开机。

(3) 关机。

3. 重要控钮使用

(1) 亮度控钮的使用。

(2) 增益控钮的使用。

(3) 调谐控钮的使用。

(4) 海浪干扰抑制控钮的使用。

(5) 雨雪干扰抑制控钮的使用。

(6) 雷达同频干扰抑制控钮的使用。

(7) 显示方式控钮的使用。

(8) 其他辅助控钮的使用。

(9) 分别使用 X 波段、S 波段雷达观测同一物标，比较异波段雷达物标回波图像有何不同。

4. 目标识别

(1) 用 0.75 n mile 量程，测定实验用雷达的阴影扇形区域，并指出综合实验楼造成的阴影扇形区域。

(2) 选择 H-Up 显示方式，观测老偏岛的相对方位和距离，并根据本船航向求出老偏岛的真方位，据此在海图上确定本船船位。

(3) 海图作业雷达观测识别目标。以老偏岛为已知目标，测取待定目标相对于已知目标的方位距离，再到雷达上观测识别出待定目标，最后用待定目标定位。

（4）雷达观测海图作业识别目标。以老偏岛为已知目标，观测待定目标相对已知目标的方位、距离，再到海图上进行测量，识别出待定目标，最后用待定目标定位。

五、注意事项

1. 为了确保人身和设备的安全，在雷达通电状态下，严禁人体的任何部位直接接触机内任何器件。

2. 实验过程中未经许可，任何人不得拆装演示设备机内任何元器件。

3. 实验过程中如遇异常现象，立即关机，同时报告实验指导教师处理。

六、实验报告

1. 列出当前所使用雷达的型号，判断属于桅上还是桅下型雷达，并分别列出发射机、接收机、天线有哪些重要元器件（每种至少列出两项）。

2. 介绍雷达开机前的注意事项。

3. 列出调整雷达图像质量和杂波抑制的主要控钮。

4. 从雷达中识别出老偏岛、西大连岛、四坨子岛，并分别写出其真方位和距离。

5. 用三目标距离法测出本船船位，并利用本船船位从海图中查找二坨子岛的方位和距离，从雷达图像中找出二坨子岛，请写出具体步骤。

第二节　雷达定位与导航

一、基本原理

船舶近岸航行时，尤其在沿岸 10 n mile 之内，雷达能够提供较高精度的定位，因此它是驾驶员首选的定位设备。驾驶员通过仔细对比海图与雷达图像，选择合适的定位目标，测量出目标的距离或方位，通过海图作业，求取本船船位。

为使测定雷达定位准确，必须做到用作定位的物标选取合适，其回波辨认准确无误，测量距离和方位使用的方法正确、数据准确、速度快捷，且海图作业正确。

二、雷达定位

1. 选择物标

（1）应尽量选用孤立小岛、岩石、岬角、突堤、孤立灯标等物标，其回波特性应是：图像稳定，亮而清晰，回波位置应能与海图精确对应。应避免使用回波可能产生严重变形或位置难以在海图上确定的物标，如平坦的岸线、斜缓的山坡、高大建筑物群中的灯塔等。

（2）应尽量选用近的、便于确认的可靠物标，而不用远的、容易搞错的物标。

（3）选用多目标定位，船位线交角符合航海定位要求。确认目标十分可靠时，也可使用单目标距离方位定位。

2. 测距与测方位

（1）准确测距的要领。

① 选择能显示被测量物标的合适量程，使物标回波显示于屏幕半径的 1/2～2/3 处。

② 正确调节显示器各控钮，使回波饱满清晰。

③ 应使活动距标圈内缘与回波前沿相切。

④ 测量的先后顺序为：先正横，后首尾。

⑤ 应经常检查活动距标圈的准确度。

（2）准确测方位的要领。

① 选择合适量程，使被测量物标的回波处于扫描中心到边缘的 1/2～2/3 处。

② 选择近而可靠的物标，左右侧陡峭的物标或孤立物标。

③ 各控钮应调节适当，否则将使图像变形而导致测量误差。

④ 调准中心，减少中心偏差。正确读数，减少视差。

⑤ 检查船首线是否在正确的位置上，应校对主罗经及船首线所指航向值是否一致。

⑥ 测点物标时，应使方位标尺线穿过回波中心；测横向岬角、突堤等物标时，应将方位标尺线切于回波边缘，如果测量目标左侧时，应加上一半波束宽度值；测量目标右侧时，应减去一半波束宽度值。

⑦ 测量的先后顺序为：先首尾，后正横。船舶摇摆时，须待船舶正平时再测量。

3. 雷达定位方法

根据物标回波特点及位置分布，雷达定位方法大致可分为如下四种。

（1）单物标距离、方位定位。利用雷达同时测定孤立、显著的单物标的方位和距离来确定船位的方法称为单物标距离、方位定位。这种定位方法方便、快速，两条船位线垂直相交，作图精度较高。若使用陀螺罗经目测方位代替雷达方位，船位可靠性和精度则会更高，物标正横距离定位是这种方法的特例。

使用这种方法定位时，最重要的是物标辨识一定要准确、可靠，否则，一旦认错物标，船位则完全错误。

（2）两个或三个物标距离定位。如果本船周围有适合雷达测距定位的两个或多个物标，选择交角合适的两个或三个目标分别测量其距离，在海图上画出相应的距离船位线，其交点即为本船船位。这是船位精度最高的一种雷达定位方法。

测量时应充分利用雷达的双 VRM 功能，尽量缩短操作时间，并注意先测左右舷目标，后测首尾向目标，先测难测目标，后测易测目标。

（3）两个或三个目标方位定位。如果本船周围有适合雷达测方位定位的两个或多个目标，选择交角合适的两个或三个目标分别测量其方位，在海图上画出相应的方位船位线，其交点即为本船船位。这种方法的优点是作图方便，缺点是雷达测方位精度较低，所以航行中较少使用。

测量时应充分利用雷达的双 EBL 功能，尽量缩短操作时间，并注意先测首尾向目标，后测左右舷目标，先测难测目标，后测易测目标。

（4）多目标方位、距离混合定位。如果本船周围既有适合雷达测距离定位又有适合测方位定位的两个或多个目标，选择交角合适的两个或三个目标分别测量其距离和方位，在海图上画出相应的船位线，其交点即为本船船位。多目标方位、距离混合定位的组合可以是两目标距离和一目标的方位定位，或两目标方位和一目标的距离定位，或一目标的方位、距离和另一目标的距离或方位等方法定位。这种定位方法可靠性精度较高，是沿岸航行时驾驶员常用的方法。

4. 雷达定位精度

雷达定位的精度主要取决于目标海图位置的准确性、观测距离和方位的精度、船位线的交角以及海图作业的精度等因素。由于雷达测距离性能较测方位性能好，且测方位的精度受各种因素的影响较大，因此测距离定位精度比测方位定位精度高。就船位线数量来说，三船位线精度高于两船位线精度；就船位线交角来说，两船位线交角以 90°为最好，三船位线交角以 120°为最好；就目标的远近来说，近距离定位精度高于远距离定位精度；就目标特性来说，用孤立、点状及位置可靠的目标或迎面陡峭、回波前沿清晰、稳定的目标最好。

除此之外，定位精度还取决于驾驶员的测量方法、操作速度和海图作业技巧等因素。

若上述各种条件因素均相同时，各种定位方法所对应船位精度由高至低排序大致如下：

① 三目标距离定位。
② 两目标距离加一目标方位定位。
③ 两目标距离定位。
④ 两目标方位加一目标距离定位。
⑤ 单目标距离、方位定位。
⑥ 三目标方位定位。
⑦ 两目标方位定位。

三、雷达导航

船在进出港、狭水道以及沿岸航行中，尤其在夜间或能见度不良的恶劣天气时，使用雷达导航十分方便、有效。雷达导航包括平行线导航、距离避险线导航和方位避险线导航。

1. 平行线导航

当航线前后无合适的物标可供导航时，可利用航线两侧附近的物标进行平行线导航（图 2-2-1）。

使用方法：

（1）在海图上量取计划航线 CA 与过导航物标的平行线之间的距离。

（2）在雷达上设置一个以此距离为半径的活动距标圈（VRM），使距标圈与过导航物标的平行线（可以用电子方位线 EBL 或平行线 PI）相切。

（3）航行的过程中，只要保持活动距标圈与过导航物标的平行线相切，就可保持在计划航线上行驶，一旦偏离就可及时发现，避免频繁进行定位。

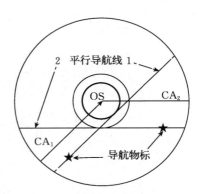

图 2-2-1　平行导航线（OS：本船；CA：计划航线）

（4）同理，可以使用另一条新的平行线，做出转向之后的平行导航线，两平行导航线的交点即为转向点，只要设置新的距标圈，保持新的距标圈与新的平行导航线相切就可以非常方便地进行转向操作。

2. 距离避险线

当所选避险物标和危险物的连线与计划航线垂直或接近垂直时，可采用距离避险线避险。如沉船、暗礁等，不容易察觉的危险物，就必须使用容易观察的避险物标进行协助避险。

在航行时确保本船的船位不越过距离避险线（图 2 - 2 - 2 中长虚线），就可保证本船安全避过危险物。也可设一不偏心的活动距标圈，距标圈的半径为船与危险物的安全距离 d 加上危险物与避险物标的距离，当本船航行时，确保避险物标不进入此活动距标圈内，本船就可安全避过危险物。

3. 方位避险线

为了避开航线一侧的危险物，所选避险物标和危险物连线的方向与计划航线平行或近于平行时，可采用方位避险线避险（图 2 - 2 - 3）。

使用时，本船持续地测量避险物标的方位 TB，当避险物标的方位 TB 与避险线真方位 TB_0 的相互关系符合避险要求时，本船就可安全避过危险物。

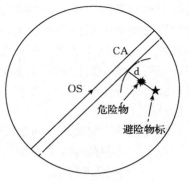

图 2 - 2 - 2　距离避险线（OS：本船；CA：计划航线；d：安全距离）

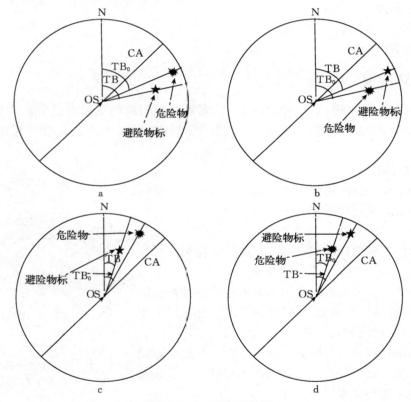

图 2 - 2 - 3　方位避险线

避险要求可以分成以下几种情况：

（1）同在航线右侧。避险要求避险物标在危险物前方 TB（避险物标真方位）$\geqslant TB_0$（避险线真方位），TB 逐渐变大（图 2 - 2 - 3a）。

（2）同在航线右侧。避险要求避险物标在危险物后方 TB（避险物标真方位）$\leqslant TB_0$（避险线真方位），TB 逐渐变大（图 2 - 2 - 3b）。

（3）同在航线左侧。避险要求避险物标在危险物前方 TB（避险物标真方位）$\leqslant TB_0$

（避险线真方位），TB 逐渐变小（图 2-2-3c）。

（4）同在航线左侧。避险要求避险物标在危险物后方 TB（避险物标真方位）≥TB。（避险线真方位），TB 逐渐变小（图 2-2-3d）。

实验二　雷达定位与导航

一、实验目的

1. 正确使用雷达在近岸航行中进行定位和导航。

2. 通过在雷达模拟器上练习，熟悉雷达各种显示方式和雷达图像识别。

二、实验内容

重复实验一开机步骤，调整好雷达显示；选择合适的定位方法及定位物标进行雷达定位；掌握各导航线、避险线的使用方法。

三、实验前的准备

1. 复习《航海仪器（下册：船舶导航雷达)》教材相关内容。

2. 预习本次实验内容和实验步骤。

四、操作步骤

1. 重复实验一开机步骤，调整好雷达显示。

2. 把海图上周边的各岛屿相对位置与雷达上各岛屿的回波的相对位置进行比较，识别出雷达上老偏岛、东大连岛、西大连岛、大坨子岛、四坨子岛等岛屿的回波。

3. 选择合适的定位物标及定位方法（在实验的过程中，应对各种定位方法进行依次练习，最终能够熟练掌握各定位方法）。

4. 测量已选择物标的方位和（或）距离。

5. 根据测量好的数据，使用相应的定位方法在海图上进行定位作业。

6. 确定本船位置，如有误差三角形，一般大概船位为大角短边（离最大角及最短边相对近）位置；标好定位标志（雷达定位为三角形）及定位时间；如有需要，可标示船位的经纬度。

7. 验证定位结果。

8. 练习平行线导航。

9. 练习距离避险线的使用。

10. 练习方位避险线的使用。

五、注意事项

1. 开机前检查天线周围是否有人员及障碍物。

2. 为了确保人身和设备的安全，在雷达通电状态下，严禁人体的任何部位直接接触机内任何器件及变压器部件。

3. 实验过程中未经许可，任何人不得拆装演示设备机内任何元器件。

4. 实验过程中如遇异常现象，立即关机，同时报告实验指导教师处理。

六、实验报告

1. 按照教师要求，从本节介绍的七种雷达定位方式中选择一种进行雷达定位并简述其过程。

2. 雷达定位注意事项。

3. 雷达导航使用方法及注意事项。

第三节　雷达模拟器正确使用

一、宏浩雷达模拟器操作说明

（一）模拟器总体介绍（图 2-3-1）

（1）雷达模拟（必要时可换成电子海图模拟显示）。

（2）本船信息显示屏。

（3）电子海图模拟（必要时可换成雷达模拟显示）。

（4）车舵设备模拟。

（5）静态海上航行视景模拟。

（6）仪表模拟。

（7）海图桌。

（8）备用机。

图 2-3-1　宏浩雷达模拟器

（二）各主要显示屏幕信息及相关功能面板介绍

1. 本船信息显示屏（图 2-3-2）

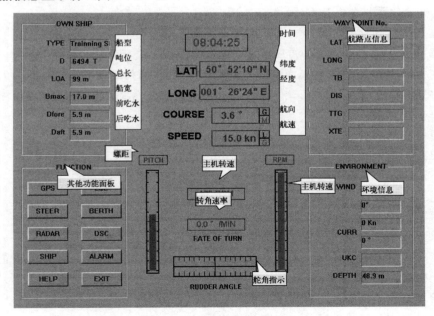

图 2-3-2　本船信息显示屏

2. 雷达屏幕信息及相关功能面板（图 2-3-3）

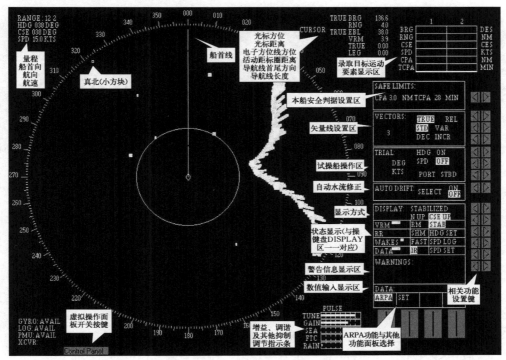

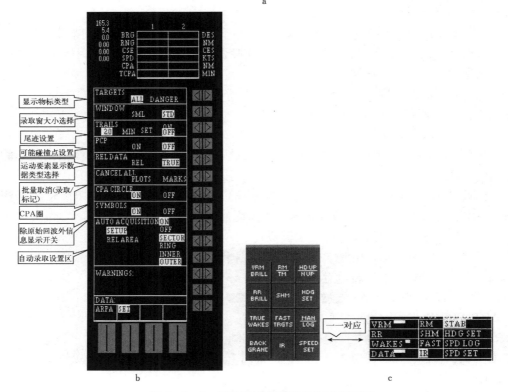

图 2-3-3　雷达屏幕信息及相关功能面板

3. 操作面板按键功能（图 2 - 3 - 4）

图 2 - 3 - 4 操作面板

按键的排列从左至右：

（1）[POWER] 为电源，[ON] 为打开电源，[TX/STBY] 为发射/待机，[OFF] 为关闭电源。

（2）[SELF TEST] 为自检（未模拟），[PUSH HOLD] 为开机按住自检。

（3）[OPTIONS] 为选项（未模拟），[PERF MON] 为性能监视。

（4）[INTER SWITCH] 为互换器（未模拟），[XCVR SEL] 为收发机选择，[MSTR/SLAVE] 为主副雷达选择。

（5）[RANGE] 为量程，△加大量程，▼减小量程。

（6）[PULSE WIDTH] 为脉冲宽度（未模拟），█▅█宽脉冲，█▅█窄脉冲。

（7）回波显示调节旋钮。

[GAIN] 增益：调节中频放大器从而改变回波信号的亮度，一般大小调到杂波若隐若现。

[TUNE] 调谐：调节本机振荡频率，保证变频器输出频率稳定在额定中频，调节时应使调谐指示最大，使回波饱满清晰。

[SEA] 雨雪抑制：抑制雨雪杂波干扰。

[RAIN] 海浪抑制：抑制海浪杂波干扰。

（8）[DISPLAY] 为显示。

[VRM BRILL]：活动距标圈亮度（亮度有三挡，没有指示条时，即关闭活动距标圈），█VRM▅█第三挡亮度最亮。

[RR BRILL]：固定距标圈亮度（亮度有三挡，没有指示条时，即关闭固定距标圈），█RR▅█第一挡固定距标圈关闭，█RR▅█第三挡高度最亮。

[TRUE WAKES]：真航迹亮度（未模拟）。

[BACK GRAND]：背景亮度，分三挡，第三挡█DATA▅█。

[RM/TM]：真运动█TM█/相对运动█RM█。

[SHM]：船首线消隐开关，█SHM█正常显示，█OFF█消隐。

[FAST TRGTS]：快速物标（未模拟）。

[IR]：同频干扰抑制，█IR█抑制打开，█IR█抑制关闭。

[HD UP/N UP]：█UNSTABLIZED█（不稳定）首向上/█NUP█北向上。

[HDG SET]：船首向设置。

[MAN/LOG]：█SPD MAN█人工速度/█SPD LOG█计程仪速度选择。

［SPEED SET］：▊SPD SET▊人工速度设置（注：上一项为［SPD MAN］时，才可激活此功能，激活后可使用数字键盘，人工输入需要的速度）。

（9）［DATA ENTRY］为数据输入键盘。

（10）［ARPA］及其他设置按键。

［DESIG］：为已录取物标编号及显示相关数据。

［PLOT］：人工录取物标。

［TRUE MARK］：真标记。打开即单击 TRUE MARI 功能按键，移动光标至需要做标记的位置，点左键就出现一标记；取消即单击 TRUE MARI 功能按键，在标记上点右键，就删除了这一标记。

［OFFSET］：偏心显示。打开即单击 OFFSET 功能按键，移动光标至合适位置，点左键，就可把扫描中心移到光标位置；取消即单击 OFFSET 功能按键，在屏幕上点右键，就取消偏心功能。

［VRM］：活动距标圈。打开即单击 VRM 功能按键，测物标距离时，移动光标至合适位置，点左键，使活动距标圈的内沿与靠近扫描中心的前沿相切，此时在雷达屏幕右上方VRM 数据显示区域显示物标的距离；取消即单击 VRM 功能按键，在屏幕上点右键，就关闭活动距标圈功能。

［FIXED EBL］：电子方位线。打开即单击 FIXED EBL 功能按键，测物标方位时，移动光标至合适位置，点左键，测小物标时使电子方位线放在小物标的中心，此时在雷达屏幕右上方EBL 数据显示区域，显示物标的方位；取消即单击 FIXED EBL 功能按键，在屏幕上点右键，就关闭电子方位线功能。

［NAV LINES］：导航线。单击 NAV LINES 即打开导航线；取消即在导航线的起始点单击右键，就关闭导航线功能。

（三）雷达模拟器基本操作

1. 虚拟操作面板

打开：点屏幕左下方的［Control Panel］键 Control Panel ，打开虚拟操作面板，如图2-3-5所示。

图 2-3-5 虚拟操作面板

移动：虚拟操作面板上按住鼠标左键，光标变为 ✛ 形状，就可以把面板移动到合适的位置。

关闭：虚拟操作面板上单击右键可关闭虚拟操作面板。

2. 开机前准备

（1）确定天线周围是否有人员或障碍物。

（2）将所有抗干扰和回波增强调节预置在最小位置。

3. 开机

（1）打开电源，核对航向（在未发射之前操作）。点操作键盘上［ON］键，打开电源，在发射之前要核对雷达传感器数值，对于这个模拟器主要核对船首向，如：在本船信息显示屏上，本船的航向为3.6°（图2-3-6a），而雷达显示屏左上航向为0（图2-3-6b），点操作面板上［DISPLAY］区［HDG SET］键，雷达屏幕状态显示区［HDG SET］（图2-3-6c）激活，用［DATA ENTRY］区上的数字键输入3.6，雷达屏幕右下数值输入显示区显示3.6（图2-3-6d），点［E］键确认，雷达显示的航向变为3.6°（图2-3-6e）。

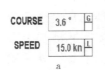  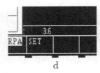

图2-3-6 初始航向设置

（2）发射信号，调节雷达显示，设置合适量程。点击操作键盘上［TX/STBY］键发射信号，接着先调增益［GAIN］（调到杂波若隐若现），再调调谐［TUNE］（调谐指示最大，使回波饱满清晰），如果是晴天无风浪，把相关抑制调节调至最小（图2-3-7）。

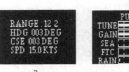

图2-3-7 雷达显示调节

设置量程：选择包含目标的最小量程，尽可能将目标显示在屏幕1/2～2/3处，大洋上一般设为12 n mile。

4. 显示方式设置

相对运动：代表本船位置的扫描中心不动，周围物标相对于本船做相对运动，固定物标则与本船等速反向移动。

真运动：代表本船位置的扫描中心及运动物标的回波均按其真实航向及成比例航速在屏幕上移动，而固定物标回波不动。

两种运动方式转换：点击虚拟键盘上［TM/RM］键，显示状态栏，分别显示TM（图2-3-8a）、RM（图2-3-8b）。

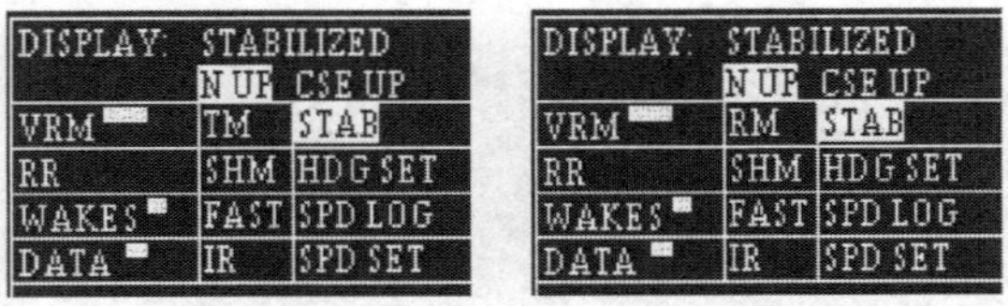

图2-3-8 运动方式设置

每种运动方式又包含三种显示方式，即首向上、北向上、航向向上。船舶航行时一般采用的都是相对运动方式，下面着重介绍相对运动各显示方式。

首向上：船首线指向零度，由此读取的其他物标方位是相对方位（即舷角），显示状态栏显示UNSTABILIZED（不稳定），当本船转向或航向不稳时，本船的船首线不动，其他回波向本船航向变化的反方向旋转或偏荡，回波图像显示不稳定，所以称首向上显示方式为不稳定显示方式（图2-3-9）。

设置方法：当显示方式不为首向上时，点击键盘 ![HD-UP NUP] 键，即可把显示方式变为首向上。

　　北向上：代表真北的小方块处在刻度圈的零度位置，船首线指向的刻度即为本船的船首向（图2-3-10）。

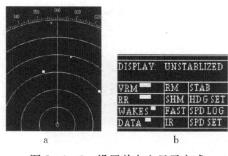

图2-3-9　设置首向上显示方式

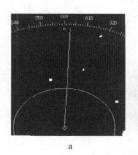
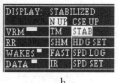

图2-3-10　设置北向上显示方式

　　设置方法：当显示方式为首向上时，点击键盘 ![HD-UP NUP] 键，即可把显示方式变为北向上。

　　航向向上：初始时，本船船首线指向屏幕正上方，当本船转向时，其他回波不动，本船的船首线转动，再次点击航向向上，整个雷达回波图像瞬时反方向跳转本船转向角等大的度数，使本船船首线又指向屏幕正上方，在本船转向或航向不稳时，其他回波图像显示都是稳定的，所以航向向上显示方式也是稳定的显示状态。

　　设置方法：先设置显示方式为北向上显示方式，后点击右侧两箭头右边箭头，使显示方式变为航向向上，此时 DISPLAY 状态栏中［CSE UP］键激活（图2-3-11）。如本船转向后，再想回到航向向上状态，再次点击右侧两箭头右边箭头，即可回到航向向上（图2-3-12）。

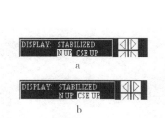

图2-3-11　设置航向向上显示方式

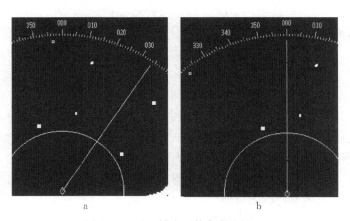

图2-3-12　转向后恢复航向向上

5. 设置安全判据

　　设置 CPA LIM、TCPA LIM 原则：安全判据的设置与很多因素有关，包括本船吨位和操纵特性、驾驶团队船艺水平、航行水域开阔程度和船舶密度、气象海况等，甚至还要考虑航行水域中可能出现的最大吨位的目标船。一般原则：大洋为 18 min、2 n mile；沿岸航行为 15 min、1.2～1.5 n mile；狭窄水域为 12 min 0.8～1.2 n mile。

　　设置方法：点击安全判据右侧的 ![键] 键，激活相关输入，即相应位置变绿色，按数字键盘输入相应的数值。如在近岸，把 CPA LIM 设为 1.5 n mile，TCPA LIM 设为 15 min（图 2-3-13d）。

图 2-3-13　设置本船安全判据

打开 CPA 圈，圈的大小即为所设 CPA LIM 的大小。

方法：在 SET 面板，CPA CIRCLE 选项中点击右侧两箭头中的左侧箭头，激活 [ON]，打开 CPA 圈，在扫描中心周围出现一个以 CPA LIM 大小为半径的圆（图 2-3-14）。

图 2-3-14　打开 CPA 圈

6. 人工录取物标

（1）录取物标前注意事项。显示方式为稳定状态（北向上或航向向上）、检查在 SET 面板中 SYMBOL 选项是否为 [ON] 激活状态。

（2）录取物标原则。船首、右舷、近距离。

（3）优缺点。

① 可按航行态势和航行需要逐个录取物标，目标明确，针对性强。

② 可根据雷达观测经验，在复杂的回波环境中辨识和录取物标，避免录取杂波、假回波和不需要录取的物标。

③ 如驾驶员疏忽视觉及雷达瞭望，可能会遗漏相关目标，造成漏警。

④ 操作过程费时，随着航行态势不断变化，对新出现的相关目标或丢失后需再次录取的物标需要额外操作，增加驾驶员工作负担。

（4）人工录取方法。显示方式在北向上或航向向上稳定状态下，鼠标左键点击操作键盘 PLOT 键，按录取顺序对周围物标进行录取（图 2-3-15）。取消某个已录取物标时，鼠标左键点击操作键盘 PLOT 键，在此物标上点击右键，可取消相关物标的录取。

（5）显示已录取物标的运动要素。鼠标左键点击操作键盘上 DESIG 键，激活显示要素功能，再用鼠标左键点击想要查看信息的已捕获的物标（未录取点击无效），首个点击的物标编号为 1，第二个显示编号为 2，相关信息就依次显示在雷达屏幕右上角的信息显示框内（图 2-3-16），显示内容为：已录取物标的方位、距离、航向、航速、CPA、TCPA。

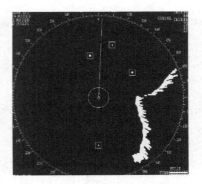

图 2-3-15　人工录取

如要查看第三个物标信息，则第一个物标信息及编号消失，第二个物标编号变为 1，第

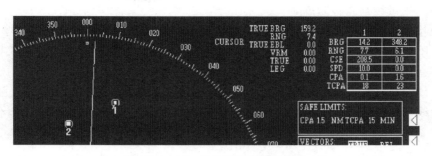

图 2-3-16　显示已录取物标信息

三个物标编号变为 2。

如果要取消显示已编号物标，则用鼠标左键点击操作键盘上的 ▨▨▨ 键，在此物标上点击右键，就取消相关物标的信息显示。

7. 矢量线设置

矢量线分为相对矢量线与真矢量线。

相对矢量线：主要作用是判断物标是否有碰撞危险，如物标的相对矢量线穿过本船所设置的 CPA 圈，即认为有碰撞危险。

与本船没有相对运动的物标没有相对矢量线（如本船或与本船同向同速的物标），其他与本船有相对运动的物标都有相对矢量线，当本船运动时，即使是固定目标也可能有相对矢量线。

物标的相对矢量线的长度代表设定的时间内，物标相对本船移动的距离；矢量线的方向代表物标相对于本船移动的方向。

真矢量线：主要作用是本船判断周边航行环境的会遇态势，从而决定采用何种措施进行避碰。

除了固定物标没有真矢量线外，其他对地移动的物标都有真矢量线。

真矢量线的长度代表设定时间内，本船或物标真实移动的距离；矢量线的方向代表本船或物标真实移动的方向。

（1）矢量线设置区介绍。［TRUE］为真矢量；［REL］为相对矢量；［STD］为标准状态，矢量线的长度为固定 3 min 物标航程（选此项时矢量长度不可调）；［VAR］为可变状态，矢量线的长度可以使用第三行的功能键增加或减小；　［DEC］为减小；［INCR］为增加（图 2-3-17）。

图 2-3-17　矢量线设置区

（2）打开及设置矢量线的方法。

打开矢量线：点击矢量线设置区第一行右侧两箭头右边箭头，［REL］激活，即相对矢量线打开；点击左侧箭头，［TRUE］激活，即真矢量线打开。

改变矢量线的长度：点击第二行右侧两箭头中的右边箭头，［VAR］变绿色，使用矢量线的长度为可变状态，再点击第三行右侧两箭头（左边箭头减小长度，右边箭头增加长度），根据需要设置矢量线的长度（图 2-3-18）。

图 2-3-18　矢量线设置

（3）使用矢量线判断碰撞危险。

相对矢量线：加大矢量线长度，如果物标的相对矢量线穿过设置的 CPA 圈，则这些物标有碰撞危险。如图 2-3-19 所示，本船右前的两个物标相对矢量线穿过本船 CPA 圈，则这两个物标有碰撞危险。

真矢量线：打开真矢量线，必要时可使用船首线消隐功能，调节真矢量线长度，查看本船的真矢量线与目标船的真矢量线的末端的距离是否小于本船所设的 CPA LIM 值（图 2-3-20）。

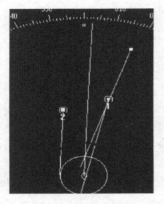
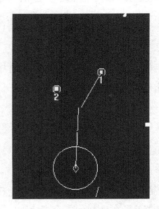

图 2-3-19　使用相对矢量线判断危险　　　　图 2-3-20　使用真矢量线判断危险

（4）使用矢量线推断一定时间后船舶所处位置。如想知道 17 min 后目标船的位置，打开真矢量线，调节时长为 17 min，那么目标船真矢量线的末端即为 17 min 后目标船真实所处的位置。同理，如果想知道相对位置，可打开相对矢量线，用同样的方法求取。用真矢量线时，也可求取本船设定时间后的位置（图 2-3-21）。

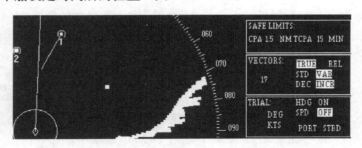

图 2-3-21　使用真矢量线推断目标船一定时间后所处位置

8. 自动录取物标

（1）自动录取设置区介绍（图 2-3-22）。

[ON]：打开自动录取功能。

[OFF]：关闭自动录取功能。

[SETUP]：设置开关，激活可对自动录取区大小及形状进行设置，如录取区域设置完成后不用变动录取区域，避免误操作，设置完成可把这一项关闭，即可使录取区域为不可编辑状态。

[SECTOR]：设置保留或排除扇形区域角度大小，要排除区域，按顺时针方向进行剪

裁，如要改变已剪裁区域，则可移动虚线到已剪裁区域，点击鼠标右键即可补全已剪裁区域，再按要求进行剪裁。

［RING］：设置环形区域半径大小。

［INNER］：设置环形区域内圈半径大小，［RING］项激活才可编辑。

［OUTER］：设置环形区域外圈半径大小，［RING］项激活才可编辑。

图 2-3-22　自动录取区设置区介绍

（2）自动录取区设置方法（图 2-3-23）。例如，设置一个内圈为 4 n mile，外圈为 6 n mile，排除船尾区域（一般为尾灯照射范围：左右正横后 22.5°）的自动录取区：

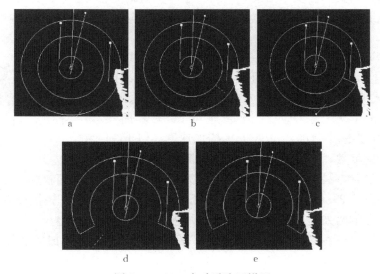

图 2-3-23　自动录取区设置

① 点击设置区第一行右侧两箭头左边箭头，激活 ［ON］，即自动录取功能打开。

② 再次点击设置区第一行右侧两箭头右边箭头，激活 ［SETUP］，即自动录取区为可编辑状态。

③ 设置环形区域大小。

A. 点击设置区第二行右侧两箭头右边箭头，激活 ［RING］。

B. 点击设置区第三行右侧两箭头左边箭头，激活 ［INNER］，移动光标，当光标的距离为 4 n mile 时，点击光标左键，即把内圈半径大小设为 4 n mile。

C. 点击设置区第三行右侧两箭头右边箭头，激活 ［OUTER］，移动光标，当光标的距离为 6 n mile 时，点击光标左键，即把外圈半径大小设为 6 n mile。

④ 设置扇形区域大小，排除船尾区域。

A. 点击设置区第二行右侧两箭头左边箭头，激活 ［SECTOR］，此时在环形区域出现一条虚线。

B. 因要顺时针剪切排除区，移动光标，当虚线位于本船右正横后 22.5°时，点击鼠标左键，确定排除区起始位置。

C. 再移动光标，当虚线位于本船左正横后 22.5°时，点击鼠标左键，则起始虚线与结束虚线间顺时针区域就被删除，此时要求的自动录取区设置完毕。

⑤ 点击设置区第一行右侧两箭头右边箭头，关闭［SETUP］功能，即录取区为不可编辑状态；而后，设置完的自动录取区就跟随本船向前航行，当物标进入录取区就被自动录取，如发现有碰撞危险，即发出相关警报。

9. 试操船

当出现危险物标，要采用转向或减速进行避让，但不知要转向或减速的幅度时，可使用试操船功能进行船舶避让试操作，以求转向或减速的大概数值，使之后进行的实船避让能够做到有的放矢。如打开试操船功能，则在雷达扫描区域的下方出现一个大 T 图标，代表现在处于试操船状态，一般在真机上如果超过 30 s 未操作，自动关闭试操船功能，但模拟器上需要手动关闭；当试操船操作结束后，应当立即关闭试操船功能，因为目前屏幕上显示的为模拟船舶操纵后的虚拟会遇状态，不代表真实的会遇态势，长时间处于此状态会严重影响航行安全。

（1）试操船设置区介绍（图 2 - 3 - 24）。［ON］为试操船功能打开，［OFF］为试操船功能关闭，［HDG］为转向试操船，［SPD］为变速试操船，［PORT］为左舵（当选速度试操船时变为［DEC］），［STBD］为右舵（当选速度试操船时变为［INC］），［DEC］为减小速度，［INC］为增加速度，［DEG］为转向试操船的转向度数，［KTS］为变速试操船的速度。

图 2 - 3 - 24　试操船设置区

（2）试操船设置方法。录取周围物标，打开相对矢量线，右前两物标的相对矢量线长度穿过 CPA 圈（图 2 - 3 - 25a），所以右前两物标为危险物标，根据真矢量查看周围船舶的会遇态势，要避让右前两来船，根据避碰规则，本船采取右转向进行避让。

点击设置区第一行右侧两箭头左边箭头，激活［ON］，在雷达扫描区域出现一个大 T 图标，即代表试操船功能已打开。

点击设置区第三行右侧两箭头右边箭头，使试操船模拟船首线及虚线向右转向，当相对矢量线偏出 CPA 圈外（图 2 - 3 - 25b），则设置框内 DEG 左边的数值即为试操船功能所求

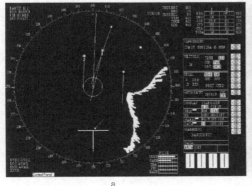
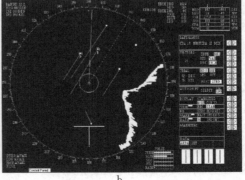

图 2 - 3 - 25　试操船操作

得本船避让危险物标需要改变的新航向。此时，应立即关闭试操船功能，因为此时屏幕所显示的内容为试操船模拟信息，如长时间处于此状态，对航行安全会造成极大的影响。实际雷达如果 0.5～3 min（不同雷达要求不同）未操作，此功能会自动关闭。

因试操船没有考虑操舵延迟、船舶操纵性能等其他因素，实际操舵的航向要大于试操船的结果，最后参考试操船所求航向，通过操舵调整船舶至安全航向。

10. 其他功能操作

（1）尾迹。在 SET 功能面板中，在尾迹设置区，点击此功能区右边的箭头把［ON］打开，则在已录取物标后方，一段时间后船尾就会显示若干个设定时间间隔的点（图2-3-26a），如果想改变间隔时间，可以在激活数值区后，输入新的数值（图2-3-26b）。

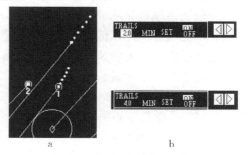

图 2-3-26　尾迹设置

功能：打开尾迹后，就可根据尾迹判断目标船是否有历史变向或变速的行动。

（2）PPC（可能碰撞点）。点击此功能区右边的箭头（图2-3-27a）就可打开或关闭可能碰撞点，如果目标船有碰撞危险，则在目标真矢量线方向上会出现 PPC 标志（图2-3-27b），表示可能会发生碰撞的位置点。如果本船的船首线穿过 PPC，那么就会有碰撞危险。

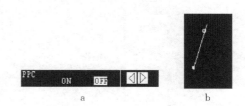

图 2-3-27　PPC 设置

二、MTI - RADAR 雷达模拟器总体介绍

本模拟雷达（ARPA）以古野 BR3440 为原型，所有软硬件操作都模拟该型号雷达。BR3440 雷达与 ARPA 的功能由硬件操作面板和软件面板两部分组成，整体显示效果如图 2-3-30、图 2-3-31 所示。

（一）模拟器总体简单介绍（图2-3-28）

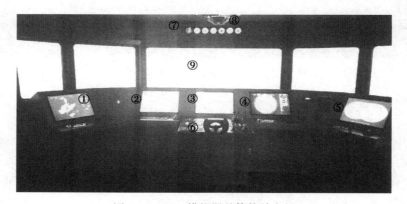

图 2-3-28　模拟器总体简单介绍

各部件说明：

（1）雷达模拟器1。

（2）电子海图模拟器。

（3）本船信息显示屏。

（4）雷达模拟器2。

（5）望远镜模拟显示屏。

（6）车舵设备、声光信号、系泊设备等操作模拟器。

（7）模拟仪表（风向风速表、航速表、主机转速表1、舵角指示表、主机转速表2、旋转角速率表、水深显示表）。

（8）舵角指示器。

（9）180°投影视景显示屏。

（二）雷达模拟器介绍

1. 本船航行基本信息显示屏（图2-3-29）

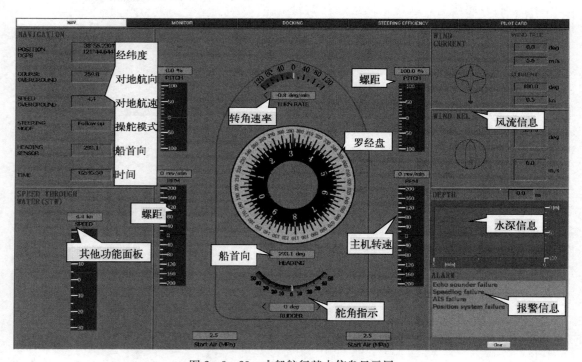

图2-3-29 本船航行基本信息显示屏

2. 雷达硬件面板介绍（图2-3-30）

（1）雷达面板按钮分布。

第一排按钮（旋钮）从左到右依次是：[POWER]、[ON/STBY]、面板亮度调整、调谐、雨雪抑制、海浪抑制、增益调整。

第二排按钮（旋钮）从左到右依次是：电子方位线1开关[EBL/1]、电子方位线2开关[EBL/2]、选项OP1~OP3、活动距标圈1开关[VRM/1]、活动距标圈2开关[VRM/2]。

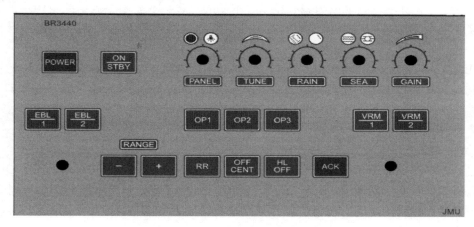

图 2-3-30 雷达硬件面板示意

第三排按钮（旋钮）从左到右依次是：电子方位线调节旋钮、量程减小、量程增加、固定距标圈开关、偏心显示按钮、船首线消隐开关、报警确认按钮、活动距标圈调节旋钮。

（2）雷达面板按钮功能。

[POWER]：雷达电源开关。

[ON/STBY]：发射/预备按钮。

[PANEL]：硬件面板亮度调节按钮。

[TUNE]：调谐旋钮（本系统采用自动调谐）。

[RAIN]：抗雨雪干扰旋钮。旋钮从左至右可增大对雨雪干扰的抑制。

[SEA]：海浪干扰旋钮。旋钮从左至右可增大对海浪干扰的抑制。

[GAIN]：增益旋钮。旋钮从左至右雷达回波图像从无到有，且颜色逐渐明亮和饱满，但过了某个值如继续增大旋钮，雷达则会出现噪声干扰。

[EBL]：电子方位线。包括三个控钮：电子方位线1开关、电子方位线2开关、电子方位线调节旋钮。按下电子方位线开关，打开相应的电子方位线，然后通过调节旋钮移动电子方位线进行测量。电子方位线的测量值显示在信息区左下角。

[EBL1]由短虚线组成，[EBL2]由长虚线组成。EBL开关是双态型，每按下一次交替选择ON和OFF状态。当前所选择的电子方位线，其测量值以高亮度显示。[EBL1]和[EBL2]配合VRM1也可设置警戒区大小。

[VRM]：活动距标圈。[VRM1]由短虚线组成，[VRM2]由长虚线组成。其他类同EBL。

[RANGE-、+]：量程的增减按钮。

[OP1]、[OP2]、[OP3]：可编程按钮。

每个可编程按钮的功能都可在菜单MENU2/INITIALIZATION/OPTION SWITCH内预设置。当给可编程按钮设置相应功能后，就可以直接在控制面板上使用[OP1]、[OP2]、[OP3]按钮来操作。

[RR]：固定距标圈开关。

[OFFCENT]：偏心显示按钮。移动光标到雷达屏幕上的某一位置，按下[OFF-

CENT］按钮，光标的位置就成为偏心显示时本船的位置。本船偏心显示的范围不能超过屏幕有效半径的75%。再一次按下［OFFCENT］按钮，本船停止偏心显示，回到屏幕的中心。偏心显示不能在96 n mile 量程上使用。

［HL OFF］：船首线消隐开关。船首线始终显示在屏幕上。当按下该按钮时，船首线被暂时抑制，与船首线重叠的小目标就比较容易被观察。诸如警戒区等符号也同时被抑制。

［ACK］：报警知情按钮。［ACK］按钮用于确认各种报警信息。按下［ACK］按钮时，报警的声音将被消除。

3. 雷达模拟器的显示屏幕内容介绍

在显示器屏幕上显示量程挡、当前显示方式、设定的 CPA 和 TCPA、尾迹点间隔、本船位置、本船船首向、船速、VRM、EBL、当前光标经纬度和距离本船距离；同时显示当前速度下到达光标处的时间、报警信息，被跟踪目标的 CPA 和 TCPA、真航向、速度、距本船的距离和方位等。

雷达模拟器的整个显示屏幕分为三个功能模块（图2-3-31）：

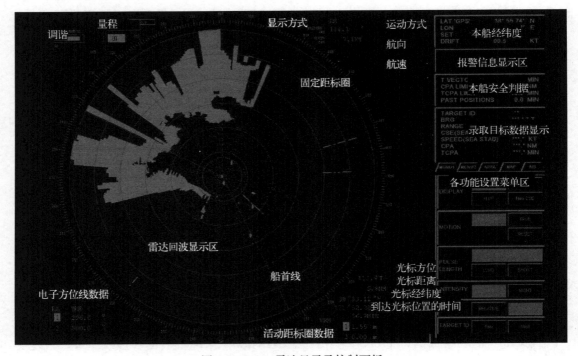

图2-3-31 雷达显示及控制面板

（1）雷达回波显示区，其中雷达回波显示区用于显示雷达图像、ARPA 符号、固定距标圈、可变距标圈、电子方位线等。

（2）信息显示区。

（3）ARPA 功能控制面板。

其中：

雷达回波显示区的左上角显示雷达量程、固定距标圈间距。

信息显示区左下角显示电子方位线数据。

信息显示区右上角显示方位显示、运动模式、本船船首向及本船速度信息。

信息显示区右下角显示活动距标圈数据、光标经纬度、光标距本船距离及在当时速度下到达光标所在位置所需的时间。

雷达/ARPA 控制面板说明。如图 2 - 3 - 31 所示，屏幕右边显示为雷达的控制面板，雷达控制面板包括两个部分：

数据显示区部分

数据显示区可分为四个区：本船经纬度显示区，报警信息显示区，CPA、TCPA 等参数显示区，所录取的物标数据显示区。

菜单控制部分

菜单控制面板分为四个菜单，分别为 MENU1、MENU2、ARPA、MAP（此菜单为拓展菜单）。

具体各菜单各按钮功能说明如下：

① MENU1。

A. DISPLAY 为显示模式选择（图 2 - 3 - 32）。

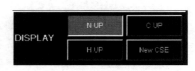

图 2 - 3 - 32　显示模式切换

[N/UP]：北向上（north up）显示模式。北向上是一种稳定的显示方式，它可以在相对运动、真运动或中心显示模式中使用。平面位置显示器图像是一致的，以便真北总是在屏幕的顶部（000°方位刻度）。船首线代表本船船首向。在相对运动下，本船位于屏幕上固定位置，中心或偏心，目标船运动是相对本船航向和航速的运动。与本船同向同速的物标看起来静止，而固定物标则产生轨迹，代表与本船相互的地面轨迹。

[C/UP]：航向向上（course up）显示模式。航向向上是一种稳定的显示方式，适用于真运动和相对运动，当此模式被选中时，船首线指向屏幕正上方，随后航向的改变导致船首线偏离屏幕正上方，可是图像并不旋转。其他船舶的船首线稳定指示自身的航向，以致如果本船航向发生改变时，他船航向不随之改变。船首线可以靠重新选择航向向上来随时更新，使图像和新的船首向重新结合。

[H/UP]：船首向向上（head up）。此种显示方式经常显示一个相对模式的平面位置显示图像，以便使由船首线代表的船首指向方位刻度盘的"000°"处。当本船改变航向时，平面位置显示器回波图像旋转一个与本船转向角度数相同、方向相反的量。当处于一个稳定的航向时，静止的物标（对地）以一个与本船相同的速率朝显示屏下面部分移动。与本船同速同向的物标看起来处于静止，其他物标移动的方向取决于其本身与本船的合成运动。

注意：船首向向上在真运动模式中不适用。

[NEW CSE]：新航向向上（new course up）显式模式，当显示方式为 [C/UP] 时，如果航向发生变化后，船首线不指向屏幕正上方时，可以点击此键，图像跳转，使船首线再次指向屏幕的正上方。

B. MOTION 为运动显示方式选择（图 2 - 3 - 33）。

[RELATIVE]：相对运动（RM）。在相对运动模式显示时本船位置固定，位于雷达屏幕区域的任

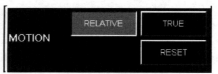

图 2 - 3 - 33　运动显示方式选择

意一点或任意物标相对本船航向和航速进行运动。物标有相对运动历史轨迹，但是本船没有。如果本船改变航向或偏航，物标方向也按相同的相对运动方向改变。有碰撞危险的物标一般方位固定且距离不断减小，静止的物标是与本船同向同速的船。

［TRUE］：真运动（TM）。在真运动模式显示时，本船船位偏心且以真正的速度沿船首向运动，所有物标在屏幕上以真航向、真速度运动且都有历史轨迹。本船航向改变不影响物标回波的运动方向，但本船的船首线方向跟着改变。有碰撞危险的物标一般方位不固定且距离不断减小。

与相对运动模式不一样，本船位置可以靠使用滚动球、选择本船移动光标和按［RESET］来移动。

［RESET］：复位。

C. INTENSITY 为亮度模式选择（图 2 - 3 - 34）。

［DAY］：白天配色方案模式。

［NIGHT］：夜间配色方案模式。

图 2 - 3 - 34　亮度模式选择

D. EBL 为电子方位线模式选择（图 2 - 3 - 35）。

［RELATIVE］：相对方位测量值。

［TRUE］：真方位测量值。

电子方位线方位显示可选择为真方位或相对方位方式。当电子方位线的方位选择为相对方位显示

图 2 - 3 - 35　电子方位线模式选择

方式时，可设置为 P（左舷）/S（右舷）180°或 360°方式。在 P/S180°显示方式下，电子方位线的显示值相对于船首线，显示范围为 0～180°P 或 0～180°S。在 360°显示方式下，方位测量值的显示为相对于本船船首线 0～360°，并且按顺时针方向计算。P/S 180°或 360°显示方式可以在 MENU2/INITIALIZATION/RELATIVE EBL 选项里设置。

E. TARGET ID 为目标选择（图 2 - 3 - 36）。

说明：用于选择已捕捉的目标的编号。

② MENU2。

图 2 - 3 - 36　目标选择对话框

A. OWN SHIP DATA 为本船数据（图 2 - 3 - 37）。

［POSITION］：本船方位数据。当选择［GPS］时，本船方位数据都是接收自网络；当选择［EP］时，可以手动输入本船数据。

［SPEED］：本船速度数据。当选择［LOG］时，本船速度数据来自网络；当选择［MANUAL］时，可以手动输入本船速度。

［SET GYRO］：设置罗经值（与航行监视页面上的本船航向相核对，如与之不一致，即修改此项，使雷达显示图像与航行状态一致）。

B. RADAR 为雷达设置（图 2 - 3 - 38）。RADAR功能菜单有两个子菜单。通过选择［NEXT］命令可交替显示两个菜单。第一页菜单：［TUNE］为调谐即人工调谐、自动调谐；［IR］为同频干扰；［ZOOM］为区域图像放大；［OWN SHIP VEC-

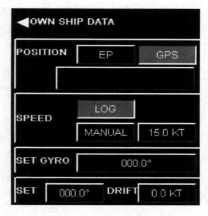

图 2 - 3 - 37　本船数据显示对话框

TOR] 为本船矢量线显示开关。第二页菜单：[TRAILS] 为尾迹长度。

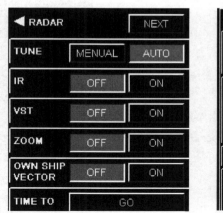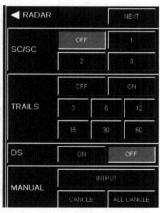

图 2-3-38　雷达基本参数设置对话框

C. INTENSITY 为彩色和亮度的设置（图 2-3-39），数字代表不同颜色或亮度挡。

D. INITIALIZATION 为初始化（图 2-3-40）。

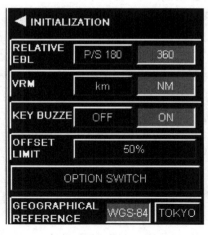

图 2-3-39　雷达色彩亮度设置对话框　　图 2-3-40　雷达初始化信息对话框

其中：

RELATIVE EBL：相对电子方位的显示。

[P/S 180]：左舷/右舷 0～180°。

[360]：显示值 0～360°。

[VRM]：活动距标圈测量单位设置。

[km]：千米。

[NM]：海里。

[OFF SET LIMIT]：偏心显示范围设置。

OPTION SWITCH：面板快捷键 [OP1]、[OP2]、[OP3] 的设置。

E. 选择可编程按钮 1［OP1］或 2［OP2］或 3［OP3］，从下面功能中选择一种功能，按下［SET］，完成设置（图 2-3-41）。

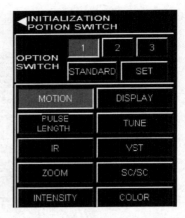

当选择 STANDARD 时，OP1、OP2、OP3 的功能恢复到默认设置。

③ ARPA 功能区。矢量显示方式选择（图 2-3-42）。

REL：相对矢量显示方式。

图 2-3-41　雷达初始化参数对话框

相对矢量代表的是所有周围目标相对于本船的相对运动矢量。其优点是可以直观确定每一个目标是否有碰撞危险。应用这种方式应注意，当本船运动时，即使是固定目标也可能有矢量线。

TRUE：真矢量显示方式。

图 2-3-42　矢量显示模式切换

真矢量显示的目标运动矢量均为真实的航向和航速的指示，即真实对地运动矢量，此时本船也是真矢量。其优点是本船周围船舶的运动趋向及会遇态势一目了然，方便判断已录取物标是运动物标还是静止物标。

DAC：碰撞危险区域显示方式。

当本船的船首方向出现 DAC 时，表明如果本船不改变航向，就不可能与目标船保持安全的会遇距离。反之，如果本船的船首方向没有 DAC 存在，表明本船航向是安全的，除非目标船改变航向或航速。DAC 用于估计整个态势是一个非常有效的手段，常规的 CPA（最小会遇距离）、TCPA（最小会遇时间）数据显示再加上 DAC 提供的视觉上的信息，使我们对整个态势一目了然。

A. SET UP（设置矢量线的参数）（图 2-3-43）。

其中：

［VECTOR TIME］为矢量线长度（时间）设置。用以设置屏幕上矢量的长度（以时间为单位）。

图 2-3-43　ARPA 参数设置

［CPA LIMIT］为 CPA 界限值的设置。此功能警告操作者，物标闯入了 CPA 的界限并且要采取适当的行动。CPA 的界限值可以选择并且可以根据船舶的操纵性和当时的环境条件调整。

［TCPA LIMIT］为 TCPA 的设置。此功能警告操作者，物标侵犯了 TCPA 的界限值，如果不采取避让行动，经过一段时间就会引起危险。TCPA 也可以选择和像 CPA 那样调整。CPA、TCPA 的设置值是作为 ARPA 判断危险目标的依据。如果目标的 CPA 和 TCPA 值等于或小于设定的 CPA 和 TCPA 值，警报被激活。

［PAST POSITIONS］为尾迹的时间间隔设置。

［AUDIBLE ALARM］为声音报警设置开关。

B. ACQUIRE 为警戒区的设置开关（自动录取区设置见图 2-3-44）。

其中：ACQUISIT1 为 ARPA 警戒区 1 的开关设置，ACQUISIT2 为 ARPA 警戒区 2 的

开关设置。

注意：一定是先打开警戒区 1 才能打开警戒区 2，关闭时顺序相反，否则报警。

［SET UP］按钮的功能是根据［EBL1］和［EBL2］还有［VRM1］来手动设置警戒区大小。在警戒区内的目标会被自动录取。

C. DATA。

CANCEL TARGET 为录取目标的数据显示和删除功能（图 2－3－45）。

A 数据显示栏位于 ARPA 菜单显示区域的上方；B 数据显示栏位于菜单 ARPA/DATA、CANCEL TARGET 中。操作员可以先按下［A］按钮或者［B］按钮，然后再按下菜单下方录取目标编号列表中的编号按钮，使相应编号的录取目标数据显示在 A 显示栏或 B 显示栏中。

［CNCL］按钮是删除某个已经编号的录取目标，［CNCL LOST TGT］是删除状态为丢失的录取目标，［CNCL ALL］是删除所有录取目标。

D. TRIAL 为试操船操作（图 2－3－46）。

其中：［COURSE］为试操纵航向，［SPEED］为试操纵速度，［DELAY］为延迟时间，［TRIAL］为开始试操纵。

④ 数据的显示。ARPA 的参数设置值显示在 A 数据栏上面的数据显示区域。真矢量（显示 T）或相对矢量（显示 R）以及矢量的长度也将显示在 ARPA 的参数设置值的左边。如果选择 DAC 功能，该位置还将显示 DAC。

目标的数据显示在 ARPA 的 A 数据显示栏和 B 数据显示栏。

A 数据显示栏位于 ARPA 菜单显示区域的上方，B 数据显示栏位于菜单 ARPA/DATA、CANCEL TARGET 中。

有两种办法显示目标的参数。一种是使用 MENU1 中的［TARGET ID ▲▼］菜单命令；另一种办法是使用 ARPA 菜单 ARPA/DATA、CANCEL TARGET 的功能。

A. 使用 MENU1 中［TARGET ID ▲▼］的功能仅能改变 A 数据显示栏的内容；选择 MENU1 菜单，按下［TARGET ID ▲］，A 数据显示栏的目标编号增加一个号；按下［TARGET ID ▼］，目标编号减少一个号。

B. 使用 ARPA/DATA、CANCEL TARGET 菜单的功能可改变 A 和 B 数据显示栏的内容。

图 2－3－44　物标录取操作面板

图 2－3－45　物标录取参数
显示对话框

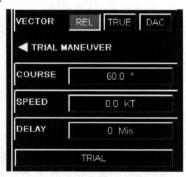

图 2－3－46　试操船操作对话框

移动电子游标指针到 A（或 B）显示框上，并按下控制台上 ENT 按钮，A（或 B）显示框的颜色改变（对于单色显示器，变成高亮度显示）。移动电子游标指针到目标编号上并按下 [ENT] 按钮，选择一个目标，该目标的参数被显示在 A（或 B）数据显示栏里。

⑤ ARPA 的报警。当下列情况发生时，将发生音响报警和视觉可见的报警。取消报警声音，按下控制台上的 [ACK] 按钮。

A. 危险目标报警。当目标船的 CPA 和 TCPA 都小于 CPA 和 TCPA 的设置值时，目标船的符号变化并且闪烁，危险标记也显示在 A 或 B 数据显示栏里。此外，字符 "DANGER" 和危险目标的编号显示在报警信息显示栏里。报警的符号将一直闪烁，直到按下 [ACK] 按钮。

B. 丢失目标报警。当雷达不能探测出被跟踪目标的回波而无法对目标进行继续跟踪时，将发出丢失目标的报警，目标的符号改变并且闪烁。字符 "LOST" 和丢失目标的编号显示在报警信息显示栏里。报警的符号将一直闪烁，直到按下 [ACK] 按钮。

C. 目标进入捕捉区。当雷达探测到新的目标侵入捕捉区，字符 "INTRUDER" 将显示在报警信息显示栏里。

D. 自检。当 ARPA 自检时发现系统有故障时，故障的内容将显示在信息显示栏里。

（三）MTI - RADAR 雷达模拟器基本操作

1. 开机及初始设置

（1）开机。雷达操作面板（图 2 - 3 - 47a）按 [POWER] 键，打开雷达电源，屏幕中央出现倒计时（图 2 - 3 - 47b），将所有抗干扰和回波增强调节预置在最小位置，倒计时完毕后，按 [ON/STBY] 发射信号。

图 2 - 3 - 47 开机及初始设置

（2）调节屏幕显示。先调增益 [GAIN]（调到杂波若隐若现），再调调谐 [TUNE]（调谐指示最大，使回波饱满清晰），如果是无雨雪、无风浪，把相关抑制调节指示调至最小。

（3）设置航向。在本船信息显示屏上查看本船此时的航向（图 2 - 3 - 48a）为 293.1°，而雷达初始航向为 0°，所以在进行后序操作前要使两者航向一致；点击雷达/ARPA 控制面板上 MENU2 选项，点击 [OWN SHIP DATA]（本船数据）按钮（图 2 - 3 - 48b），再点击 SET GYRO 右侧数据输入按钮（图 2 - 3 - 48c），在弹出的数字键盘上依次点击 [2]、[9]、[3]、[1]，输入本船信息显示屏上的航向。

图 2 - 3 - 48 初始设置

（4）设置量程。点击 [RANGE] 上 [—]、[＋] 按键（图 2 - 3 - 48d），选择包含目标的最小量程，如果是观测目标，尽可能将目标显示在屏幕 1/2～2/3 处，大洋上一般设为 12 n mile。

（5）显示方式选择。点击雷达/ARPA 控制面板上 MENU1 选项，点击 DISPLAY 右侧按钮（图 2-3-49），按航行及操作要求选择合适的显示方式。一般情况，在平静的大洋航行时，采用 H UP（首向上）显示方式。在沿岸航行时最好使用 N UP 显示方式。在沿岸尤其在狭水道或港口航行时，船

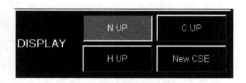

图 2-3-49　显示方式

首偏荡或船舶频繁转向，采用 C UP 显示方式。另外，要使用 ARPA 功能时，要采用 N UP 或 C UP 两种稳定的显示方式，不能采用 H UP 这种不稳定显示方式，因为在 H-UP 显示方式下，当本船转向或航向不稳时，本船的船首线不动，目标回波向本船航向变化的反方向旋转或偏荡，使其他回波图像显示不稳定，从而使 ARPA 不能稳定跟踪。

2. 测物标距离方位

（1）用光标测物标距离方位。当移动光标到所测物标的合适位置时，在雷达扫描区右下角就会出现光标位置的相关信息，如用来测量物标，则为物标的相关信息（图 2-3-50），自上而下的数据为光标的方位、距离、经纬度、到达光标位置的时间。

图 2-3-50　使用光标测物标距离方位

（2）用 VBM 与 EBL 测物标的距离方位。按操作键盘上 [VRM] 键与 [EBL] 键（图 2-3-51）打开相关功能，用各按钮下方的旋钮调整大小或方位，对物标进行测量，在雷达扫描区左下角显示 EBL 数据，

图 2-3-51　VRM 与 EBL 设置

右下角显示 VRM 数据。VRM 与 EBL 都可同时打开两个，分别由短虚线或长虚线表示。关闭时，要关闭哪个功能，先按相关按键，使相应的数据高亮显示，再次按相关按键，即关闭，如已是高亮显示，按一次即关闭。

测距离时，使活动距标圈的内沿与物标回波靠近扫描中心边沿相切；测方位时，点物标应使电子方位线穿过回波中心，非点物标应将电子方位线切于回波边缘。

3. ARPA 相关功能基本操作

（1）设置安全判据。点击雷达/ARPA 控制面板上 ARPA 选项，点击 [SETUP]（图 2-3-52a），点击 CPA LIMIT 与 TCPA LIMIT 右侧的数据输入按键（图 2-3-52b），点击弹出的数据面板上的相应数值，根据实际情况输入适当的数值，设置完成，在屏幕左侧的数据显示区则显示所设置的数值（图 2-3-52c）。

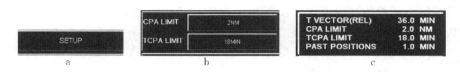

图 2-3-52　设置安全判据

（2）设置矢量线。点击雷达/ARPA 控制面板上 ARPA 选项，点击 VECTOR 右侧 [REL] 键（相对矢量）或 [TRUE] 键（真矢量）选择相应的矢量线。点击 [SETUP] 按键进入 ARPA 设置菜单，点击 VECTOR TIME 右侧矢量线长度设置按键，在弹出的数据面板点击相应的数字就可改变矢量线的长度，单位为分钟（min）。

（3）录取物标。移动鼠标到想录取的雷达回波上，点击鼠标左键，则相应物标上就出现一个虚线的正方形录取窗及相应编号，而虚线的正方形表示这个录取的目标状态是不稳定的。经过一段时间计算，物标上的录取窗变为带矢量的实线圆，代表此物标为稳定跟踪状态，如为危险物标（当物标的 CPA 与 TCPA 小于预设的安全判据时），物标的符号变为闪烁的等边三角形，确认警报后按操作键盘［ACK］键，闪烁停止；当物标变成实线菱形并闪烁时，表明目标已经丢失。

如有已录取物标，在左侧数据显示区 3 就会显示已录取物标的运动要素，如图 2 - 3 - 53 所示，从上往下为物标的编号、方位、距离、航向、速度、CPA、TCPA。录取时可同时录取多个物标，想要查看不同物标的数据时，可点击雷达/ARPA 控制面板上 MENU1 选项中 TARGET ID 右侧［Prev］或［Next］按键，选择显示上一个或下一个已录取物标的数据。或者在 ARPA/DATA、CANCEL TARGET 菜单里，点击下方编号按键具体查看相应编号的目标数据。

注：如果录取物标编号超过 20，可能录取不了物标，此时删除已录取物标后，才能再次录取。

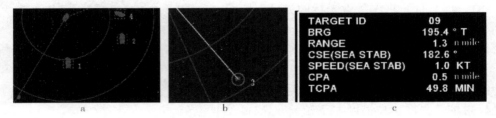

图 2 - 3 - 53　录取物标

（4）取消录取物标（两种方法）。

① 移动光标到想删除的物标上，单击鼠标右键即可删除该录取目标。

② 点击雷达/ARPA 控制面板上 ARPA 选项，依次选择 DATA 、CANCLE TARGET，即出现查看取消录取物标菜单（图 2 - 3 - 54）。如果要选择性取消录取物标，则先点击［CNCL］键，后再点击要取消录取的相应物标编号；如果要取消录取已丢失物标，则点击［CNCL LOST TGT］键；如果要取消录取所有物标，则点击［CNCL ALL］键。

图 2 - 3 - 54　查看或取消录取物标

（5）目标的自动捕捉（警戒区）设置。点击雷达/ARPA 控制面板上 ARPA 选项，选择 ACQUIRE。在 ACQUIRE 菜单（图 2 - 3 - 55b）上可设置两个自动捕捉区，通过选择［ON］或［OFF］按钮使自动捕捉区打开或关闭。如果两个捕捉区都设置为［ON］，则两个捕捉区都可以使用。然而，只有捕捉区 1 打开时，捕捉区 2 才可以打开；反过来，只有当捕捉区 2 关闭时，捕捉区 1 才可以关闭。

① 打开捕捉区 1 或 2。

② 预设置的捕捉区 1 或 2 显示在 PPI 屏幕上。与此同时，标记 AZ1 或 AZ2 将显示在数据显示区域的左上方。要重新设置捕捉区，用 EBL1 设置捕捉区的起始方位，用 EBL2 设置捕捉区的终止方位，用 VRM1 设置捕捉区的距离。设置完之后，选择［SET UP］键，使所

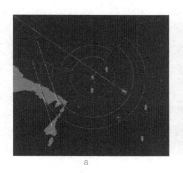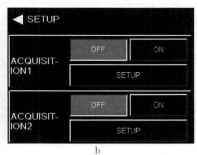

a   b

图 2 - 3 - 55　警戒区设置

设置的捕捉区生效。

捕捉区设置的距离为 1.5～96 n mile，方位为 0.5°～359.9°，其他设置无效。

③ 当目标侵入捕捉区时，报警声音自动响起，同时目标被捕捉，对目标的跟踪开始。

④ 自动捕捉后，当估计出目标正在驶离本船而不再有危险时，自动取消对目标的跟踪。

注：捕捉的目标数目大于 20 时，"TARGET FULL"将显示在报警内容显示区域；当手动捕捉的目标超出捕捉范围时，"BEYOND THE LIMIT"将显示在报警内容显示区域；即使自动捕捉区被关闭，对自动捕捉的目标的跟踪将继续进行；当自动捕捉区没有显示在 PPI 屏幕上时，自动捕捉不起作用；当自动捕捉区已经打开，正在跟踪的目标已经有 20 个时，如果有新的目标侵入捕捉区，将发出"INTRUDER"的音响报警。在这种情况下，仅显示侵入捕捉区的目标的符号，但目标不会被捕捉和跟踪。

当自动捕捉区已经打开，正在跟踪的目标已经有 20 个时，一个新的目标侵入捕捉区，在这种情况下，即使有一个正在跟踪的目标被取消，新的目标也可能不会被自动捕捉并跟踪。如果发生这种情况，应该对目标进行手动捕捉。

当自动捕捉区已经打开，一个新的目标侵入捕捉区，此时正好有一个被跟踪的目标靠近新的目标，必须注意新的目标有可能不会被跟踪（但仍然发出"INTRUDER"的音响报警并显示报警的内容）。在显示测试目标时，不能使用自动捕捉区。即使已被捕捉并跟踪的目标进入自动捕捉区，也会发出"INTRUDER"报警。当改变量程时，捕捉区内的目标即使已被捕捉并跟踪，也会再次发出"INTRUDER"报警。

（6）试操船功能。点击雷达/ARPA 控制面板上 ARPA 选项，点击［TRIAL］按键进入 TRIAL MANEUVER 菜单（图 2 - 3 - 56a），根据实际情况和避碰规则设置好试操纵航向、试操纵航速、延迟时间，然后点击［TRIAL］按键，就可以进行试操纵。当危险目标报警解除，且不产生新的危险报警时，即可结束试操纵。试操船要停止试操纵，再次点击［TRIAL］按键。

a   b

图 2 - 3 - 56　试操船

根据试操纵得出安全避让的新航向、新航速或两者组合，使用模拟器的舵和车钟调整本船的航向、航速。

注：在试操纵期间，设置值可以任意改变；当超过1 min没有进行试操纵操作或者其他菜单被显示时，试操纵自动停止；在试操纵期间，字符T显示在屏幕底部（图2-3-56b）。

（7）目标船AIS数据显示。点击雷达/ARPA控制面板上AIS选项（图2-3-57a），点击Show AIS右侧的［ON］按键，则AIS数据显示打开，在雷达显示屏中，如果目标船舶打开AIS设备，则目标船舶雷达回波显示。

如想要查看目标船舶的AIS数据，则可移动光标至目标船舶AIS标志上并点击左键，激活目标船舶AIS并编号（图2-3-57b），则在AIS数据显示区显示相关数据，其中，MMSI为海上移动业务识别码，Call Sign为呼号，Ship Name为船名，Lat为船舶纬度，Lon为船舶经度，COG为对地航向，SOG为对地航速，IMO为船舶IMO号，SIZE为船舶尺度，Class为AIS设备类型，Ship Type为船舶类型，Ship Status为船舶状态。

如点击Show MMSI右侧的［ON］按键，则目标船舶AIS标志上还显示船舶MMSI号（图2-3-57c）。

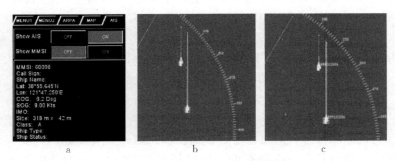

图2-3-57　目标船AIS数据显示

实验三　雷达模拟器正确使用

一、实验目的

1. 熟悉雷达模拟器系统的组成。
2. 掌握模拟器学生控制台设备的操作方法。
3. 掌握本船雷达的操作步骤和基本功能使用。
4. 掌握雷达的不同显示方式及其特点。
5. 掌握正确识别物标回波的方法。
6. 掌握测定物标的方位与距离和进行定位的方法。
7. 掌握模拟器的其他基本功能的操作方法。

二、实验内容

1. 听取教练员关于雷达模拟器系统的结构及其操作使用方法的介绍，练习本船车、舵控制设备的实际操作。
2. 练习开关本船雷达、设定航向和航速以及调整图像的操作方法。
3. 练习雷达在稳定与不稳定显示情况下各种不同显示方式的设置方法，并了解雷达在各种不同显示方式下的特点。

4. 了解正确识别物标回波的注意事项及具体方法，了解影响雷达图像的因素。

5. 练习使用雷达测定物标方位与距离的方法，并通过测定物标方位与距离对船舶进行测定。

6. 练习模拟器的其他基本功能的操作方法，为后续的雷达相关实验奠定基础。

三、实验前的准备

1. 预习相应模拟器的组成及基本操作。

2. 预习本次实验的内容和实验步骤。

四、实验过程

1. 教师演示雷达模拟器模拟本船设备的操作使用方法，特别是如何利用车、舵等控制设备设定航向与航速的操作，同时演示本船雷达的开关机、控制旋钮的使用及雷达图像调整等具体方法。

2. 学生根据教师介绍与示范操作的方法，对模拟器进行实际操作，具体包括：

(1) 首向上图像不稳定相对运动显示方式。

(2) 北向上图像稳定相对运动显示方式。

(3) 航向向上图像稳定相对运动显示方式。

(4) 在雷达屏面上练习正确识别和分辨雷达物标回波的方法，特别是要练习和掌握在有海浪和雨雪干扰的情况下，如何通过正确调节海浪与雨雪干扰按钮，抑制这些干扰的影响，以能及时、正确地发现、分辨和识别出物标回波。

(5) 练习和掌握采用雷达固定或活动距离标圈测定单个或多个物标的距离，并采用固定方位标志及电子方位线测定各物标方位的方法。

(6) 练习通过雷达测定固定物标的距离与方位的方法，并在海图上采用标出物标方位与距离的方法进行船舶定位作业。

(7) 练习模拟器的其他基本功能的操作方法，如：怎样使用车、舵等控制设备等。

五、注意事项

1. 熟悉雷达模拟器及其设备的目的在于能正常参加以后的模拟练习训练，所以正确操作和使用本船的车、舵控制装置和雷达等设备是本次训练的重点之一。

2. 在正确调整和设置雷达的显示方式及基础上，必须熟悉和掌握雷达首向上图像不稳定相对运动显示方式和北向上图像稳定相对运动显示方式及其特点，并能正确理解和解释图像稳定与图像不稳定时相对运动显示方式的差别。

3. 在识别雷达回波和利用距离与方位定位时，必须注意外界的干扰影响及雷达本身的局限性与误差。

六、实验报告内容

1. 归纳模拟器模拟本船的训练设备，包括车舵控制设备和雷达的操作使用方法与要点。

2. 说明雷达首向上图像不稳定相对运动显示方式和北向上图像稳定相对运动显示方式的特点。

3. 实验相关注意事项。

第四节　目标录取及碰撞危险判断

ARPA 是指能自动跟踪、计算和显示选定物标回波并能预测避让结果的雷达系统。由 ARPA 本身与传感器组成。ARPA 单元对雷达提供的原始回波视频和陀螺罗经、计程仪等传感器提供的信息进行分析、处理，对已录取的目标给出并显示目标的航向、航速、方位、距离、CPA 和 TCPA 等各种数据以及视觉和声响报警，使驾驶员可根据 ARPA 提供相关数据及信息进行目标碰撞危险判断。ARPA 是船舶驾驶员进行避碰较为理想的设备，但在目标捕捉、跟踪可靠性等方面有一定的局限性，所以不能过分依赖。其基本功能及操作步骤如下：

一、选择合适的量程和显示组合方式

应注意 ARPA 量程范围比雷达量程小，一般最大量程为 24 n mile，具体查看相关说明书。了解哪些量程有 ARPA 功能，按 IMO 最低要求 3 n mile、6 n mile、12 n mile 量程必须要有 ARPA 功能。显示方式选择内容包括：本船运动模式（RM 或 TM），矢量显示模式（RV 或 TV）及图像指向模式（HU、NU 或 CU）。应根据实际情况，选用合适的显示组合方式。要使用 ARPA 功能，要求稳定显示状态，所以要选择 NU 或 CU，而不能选择 HU 图像指向模式。

二、初始数据设置

1. 本船航向输入
核对 ARPA 上的航向与罗经航向是否一致，如不一致，将罗经航向输入 ARPA。

2. 本船航速输入
手动输入或由计程仪输入。注意：避让时输入对水速度，导航时输入对地速度。

3. 安全判据数据输入
设置 CPA LIM（最小 CPA 限制）和 TCPA LIM（最小 TCPA 限制）。应根据海况、会遇态势及本船操纵性能、装载情况及驾驶员操船水平选择合适数据，以保证船舶交会通过时有足够的安全距离，并避免过多的虚警。

一般原则：大洋为 18 min、2 n mile，沿岸航行为 15 min、1.2～1.5 n mile，狭窄水域为 12 min、0.8～1.2 n mile。

（1）当 CPA≥CPA LIM 时，来船为非危险目标。

（2）当 CAP<CPA LIM，但 TCPA≥TCPA LIM 时，来船为非紧迫危险船，驾驶员需要视 TCPA 大小保持关注。

（3）当 CAP<CPA LIM，但 TCPA<TCPA LIM 时，来船为紧迫危险船，驾驶员需要立即考虑避碰措施。

三、ARPA 基本功能的操作

1. 目标录取

目标录取有人工录取和自动录取两种方式。

（1）人工录取。它是任何 ARPA 都具备的基本录取方式，至少可录取 20 个目标。选择目标录取的原则：船首、右舷、近距离的原则。

优缺点：针对性强；可能会漏警、增加驾驶员工作负担，速度慢。

应用环境：人工录取适合各种海域和会遇局面。

（2）自动录取。具有自动录取功能的 ARPA 至少能录取 20 个目标。当采用自动录取方式时，若录取距离范围内有岸线、陆地、岛屿等不应录取的物标存在，则必须设置限制区，以提高自动录取的目的性。在设置警戒区时，应根据当时的实际情况来确定警戒区的大小（范围）。此外，对设置时已处在警戒区内的目标，如有需要可人工补充录取。

优缺点：方便、迅速；随机性、误录、漏录。

应用环境：自动录取适合在气象海况条件良好的大洋中使用。

2. 矢量模式选用

矢量线分为相对矢量线与真矢量线。

（1）相对矢量线。

主要作用：判断物标是否有碰撞危险。

特点：本船和与本船同向同速的物标没有相对矢量线，其他运动物标都有相对矢量线，当本船运动时，即使是固定目标也可能有矢量线。

含义：物标的相对矢量线的长度代表设定的时间内物标相对本船移动的距离，矢量线的方向代表物标相对于本船移动的方向。

使用方法：判断目标船的相对运动线是否穿过本船设定的最小 CPA 圈，如穿过则有碰撞危险。

（2）真矢量线。

主要作用：用于本船判断周边航行环境的会遇态势，从而决定采用何种措施进行避碰。

特点：除了固定物标没有真矢量线外，本船与其他移动物标都有真矢量线。

含义：真矢量线的长度代表设定时间内本船或物标真实移动的距离，矢量线的方向代表本船或物标真实移动的方向。

使用方法：延长目标真矢量线并观测其与本船矢量线的矢端是否重叠或靠近来判断是否存在碰撞危险。

（3）确定一定时间后目标船所处的相对方位或真方位以及本船的真方位。

① 相对方位。打开相对矢量线显示，设置相对矢量时间长度为要求的时间，则矢量线的末端即为目标所求的时间后所处的相对位置。

② 真方位。打开真矢量线显示，设置真矢量线时间长度为要求的时间，则矢量线的末端即为目标或本船要求的时间后所处的真方位。

3. 读取指定目标的数据

不同机器的操作方式各不相同，如宏浩模拟器，要先点［DESIGN］键再用跟踪球，将光标移到欲读取数据的已录取目标回波上，按左键，则该目标的 6 个参数（方位、距离、航向、航速、CPA、TCPA）可从数据显示区读出。而对于集美 MTI-H2000 型模拟器，将光标移到欲读取数据的目标回波上，按左键录取，同时数据就显示在数据显示区，如果要看其他目标的数据，则点击上一个或下一个（详情请查看第三节中相关模拟器的操作）。

有些 ARPA，当录取符号离本船和被跟踪目标的几何距离大于 7.5 mm 时，则在数据显示器上还能显示录取符所在点相对于本船的位置数据（距离、方位）。

4. 尾迹的打开及设置

若想了解目标是否机动，可选用历史航迹（尾迹）显示功能。航迹点至少有 4 个，其间隔时间一般固定为 2 min 或 3 min，有些 ARPA 可调长短。

5. PPC（可能碰撞点）

PPC 功能处于工作状态时，可通过观看 PPC 点的所在位置与本船首向线之间的关系等方法及时判断危险目标，如果目标船的 PPC 出现在本船的船首线附近时，则此目标船就有碰撞危险。

6. 警戒区、录取区及排除区设置

（1）一般设置原则。距本船 8～12 n mile 范围可设为警戒区，在 6 n mile 左右设为目标录取区，近于 1.5 n mile 设为排除区。

（2）报警及录取条件。当目标闯入该区域内时，将发出目标闯入报警并且对该目标进行自动录取和跟踪。

（3）不同的 ARPA，雷达的设置方法不同。

7. 清除已跟踪目标

因为一般 ARPA 设备都有录取容量的限制，有可能录取到一定数量就不能继续录取，如集美 MTI-H2000 型模拟器录取数量超过 20 就不能继续录取，此时就要将不重要的已跟踪目标（如已驶过让清的目标）予以清除。手动清除可以逐个目标进行删除或统一全部清除。具体方法看操作说明。

在特定情况下，ARPA 会自动清除某些已跟踪目标。例如：

（1）已跟踪目标到达最大跟踪距离（通常长脉冲或中脉冲宽度时为 40 n mile，短脉冲宽度时为 20 n mile）。

（2）已跟踪目标变成"坏回波"较长时间，即在 60 次天线扫描（约 3 min）时仍未进入跟踪窗而丢失的目标回波。

（3）已跟踪目标变成"无危险目标"，即其 TCPA<−3 min，距本船至少正横后大于 10 n mile 的目标回波。

应当注意：被自动取消跟踪的目标，ARPA 不会发出丢失报警。

实验四 目标录取及碰撞危险判断

一、实验目的

1. 正确使用 ARPA 雷达对周围的目标进行录取。
2. 使用 ARPA 雷达功能对已录取目标进行碰撞危险判断。

二、实验内容

1. ARPA 开关机步骤。

2. ARPA 有关初始数据的设置方法。

3. ARPA 基本功能的使用方法，包括人工录取目标、自动录取目标、取消跟踪的目标等。

4. 读取跟踪目标有关数据，并采用不同的方法判断和识别危险目标。

5. 熟悉 ARPA 的其他功能设置。

三、实验前的准备

1. 了解 ARPA 的结构及其基本功能。

2. 认真阅读自己训练所用设备的资料及使用说明。

3. 预习本次实验内容和实验步骤。

四、实验过程

1. 听取教师对 ARPA 训练系统的组成（包括本船车、舵、航向、航速等控制与显示装置）和 ARPA 面板布置的简要介绍。

2. 观看教师对 ARPA 开机步骤、使用方法和主要功能的操作示范。

3. 学生自己动手练习 ARPA 的实际操作，具体的操作步骤包括：

（1）正确开启雷达，调整好雷达显示、校验本船航向与航速数据设置为真北向上或航向向上的稳定显示方式。

（2）设定 MIN CPA 与 MIN TCPA 数值，设定矢量的显示方式并调整其长度。

（3）根据目标的距离与方位情况，按要求逐个录取周围目标。

（4）认真观测录取情况，注意目标矢量线出现的时间及变化情况；如因录取位置不正确 ARPA 出现报警时，可再次录取；当录取目标因其回波太弱而不能稳定跟踪时，应认真观测和分析原因，必要时再次进行录取。

（5）读取已跟踪的目标相应数据，包括目标的航向、航速、CPA、TCPA、方位及距离。

（6）练习设置警戒区（自动录取）的方法。

（7）练习取消不必再继续跟踪目标的方法。

4. 练习通过 ARPA 目标数据、碰撞警报与符号、读数、真矢量及相对矢量、PAD、PPC 等方法判断危险目标，具体包括：

（1）通过 ARPA 目标数据显示器显示的 CPA 和 TCPA 值，正确地得到目标的碰撞信息。

（2）识别各种声响警报与屏幕闪烁的警告符号和报警信号。

（3）通过观测目标的相对矢量线是否穿过 MIN CPA 圈，或延长目标真矢量线并观测其与本船矢量线的矢端是否重叠或靠近来判断是否存在碰撞危险。

（4）了解不同型号 ARPA 特殊功能的使用方法，如使用 PPC、PAD 判断是否存在碰撞危险。

（5）练习 ARPA 关机的方法。

五、注意事项

1. 要正确调整 ARPA 显示器的图像与显示方式，设置好本船的运动数据及安全判据以及矢量的长度与显示方式，否则难以正确进行下一步的练习。

2. 在操作过程中应适时采用合理的量程挡，正确地采用各专用控钮或操纵杆等对观测到的目标进行人工或自动录取并读取这些目标的有关数据，注意这些数据在不稳定及稳定跟踪时的变化与差异。

3. 在判断碰撞危险目标时，应采用多种不同的方法对被跟踪的目标进行分析与查验。应注意合理设置 MIN CPA 及 MIN TCPA、录取跟踪远距离目标与正确读取其目标数据的方法，及时发现有碰撞危险的目标。

六、实验报告

1. 简要地写出自己所参加实操训练 ARPA 的操作步骤。
2. 总结正确调整和设定 ARPA 图像及有关数据与矢量的方法及注意事项。
3. 说明在 ARPA 上判断危险目标的具体方法。
4. 实验相关注意事项。

第五节　试操船功能与使用

所有 ARPA 都具有试操船功能，试操船又称模拟操船，它是 ARPA 检测到碰撞危险目标并发出警报时，在本船采取实际避让机动之前，观察借助电子计算机判断、预测用人工输入的模拟航向和（或）航速而进行模拟避让行动的效果。如果碰撞危险报警解除，则表明该模拟航向和（或）航速可作为安全航向或安全航速，可正式操作舵或车。ARPA 的这种功能称为"试操船"或"试操纵"（trial maneuver）。

一、试操船的基本操作方法

打开 ARPA 试操船的功能键［TRIAL］，使 ARPA 进入试操船工作状态，一般在雷达屏幕的下方中间会出现英文字母"T"（TRIAL 的首字母）。如进行航向试操船，则用相应功能键输入试操船的航向；如进行航速试操船，则用相应的功能键输入试操船的航速；如需同时改向变速试操船，则同时输入试操船航向和航速数据。

如果输入适当的航向和（或）航速后，运用试操船模拟计算得到已跟踪目标的 CPA 和 TCPA 均不违反安全判据，ARPA 碰撞危险报警解除，则试操船模拟操纵完成。试操船操作结束后，就可使用得到的航向和（或）航速，在实际航行中对船舶进行操纵，使船舶能对危险目标进行安全避让。

根据新的性能标准，对于具备机动之前模拟时间和动态特性的 ARPA，可在试操船前输入本船的转向速率、航速变化率和设定机动之前的模拟时间，开启试操船后，ARPA 在机动前的模拟时间内，本船仍保持当前的船首向和航速，机动前的模拟时间结束后开始模拟本船的动态特性，最终模拟本船的新航向和（或）新航速。

二、不同模式的试操船图例介绍

1. 改向试操船

从图 2－5－1a 可见，目标 T_2 的相对矢量线与 MIN CPA 圆相交，因而可确认目标 T_2 是引起危险报警的必须避让的目标。

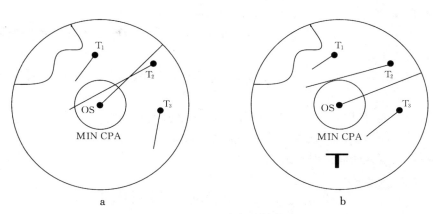

图 2-5-1　改向试操船

　　本船做模拟改向机动，使目标的相对矢量线不和 MIN CPA 圆相交，如图 2-5-1b 所示，进行模拟转向后，使目标船的 T_2 的相对矢量线偏出 MIN CPA 圆外，危险警报解除。于是，驾驶员可按图 2-5-1b 中船首线所示的安全航向下达改向指令。

　　2. 变速试操船

　　从图 2-5-2a 可见，正横方向附近来船目标 T_2 的相对矢量线与 MINCPA 圆相交，因而可确认目标 T_2 是引起危险报警的必须避让的目标。

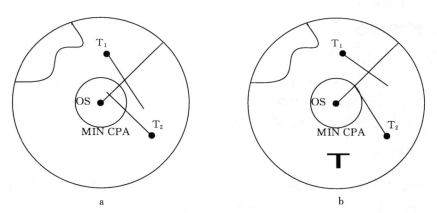

图 2-5-2　变速试操船

　　因为是正横方向附近危险来船，根据避碰规则，变速避让比较有效，所以此处采用变速试操船。本船做模拟减速机动，使目标的相对矢量线不和 MIN CPA 圆相交，如图 2-5-2b 所示，进行模拟减速后，使目标船的 T_2 的相对矢量线偏出 MIN CPA 圆外，则危险报警解除。于是，驾驶员可将试验得到的模拟航速作为安全航速下达变速指令。

三、试操船显示特征

　　1. ARPA 在执行试操船功能时，屏下方显示英文大写字母"T"或直接显示"TRIAL"或"SIM"（simulation 的缩写），以提醒驾驶员现在显示的是模拟画面。

2. 模拟画面区别于不断变化着的海面实情，不宜停留太长时间。因此，有的 ARPA 规定模拟显示只保留 30 s，而后自动返回到正常的综合显示。

3. 从模拟显示屏上观察到的是本船和已跟踪的目标船以几十倍的速度进行的模拟运动，以便快速结束模拟显示。

4. 执行试操船功能时，ARPA 不中断对所有已跟踪目标的跟踪、计算及报警等工作。

注：试操船功能打开后，如果超过 30 s 没有对试操船进行操作，ARPA 就会自动退出试操船功能，回到原始画面。这主要是为了防止试操船模拟画面上显示的情况可能和海上发生的状况不一致，延误时间而酿成危险局面。

实验五　试操船功能与使用

一、实验目的

掌握正确使用 ARPA 雷达试操船功能，求取对危险目标采取安全避让措施的方法。

二、实验内容

1. 练习改向试操船。

2. 练习变速试操船。

3. 练习改向变速复合试操船。

三、实验前的准备

1. 掌握实验四 ARPA 基本功能操作。

2. 认真阅读自己训练所用设备的资料及使用说明。

3. 预习本次实验内容和实验步骤。

4. 熟悉《1972 年国际海上避碰规则》的有关规定和要求。

四、实验过程

1. 重复实验四的内容，ARPA 正确开机，并调整好显示及相关设置，对周围目标进行录取，并进行碰撞危险判断。

2. 先设定和显示出使目标船能安全通过的 MIN CPA 圈（最小 CPA 圈），再将矢量线置于相对运动方式并做适当延长过中心或附近，以便于进行试操船。

3. 练习改向试操船。

4. 练习变速试操船。

5. 练习改向变速复合试操船。

6. 练习使用延时控钮进行试操船的操作方法。

当相遇船和本船出现碰撞危险报警时，首先应从屏幕上确认哪一条船是危险的，然后考虑本船是直航船还是避让船。如果本船是避让船，则必须根据避碰规则，采取相应的避碰措施。

五、注意事项

1. 应根据《1972 年国际海上避碰规则》并综合考虑本船的操纵性能，驾驶员的操船经验及当时当地的海上实态等多种因素，来选择试操船模拟航向和速度。

2. 试操船后，原先未被录取跟踪的目标可能构成对本船新的碰撞危险，要予以验证。

3. 试操船后，其他已跟踪目标可能因本船机动而出现新的潜在碰撞危险，应注意观察、核实与判断。

4. 试操船应该抓紧时机，迅速完成，以免因误时而酿成碰撞海事。

5. 雷达、陀螺罗经及计程仪等传感器和 ARPA 本身均可能有误差，使 ARPA 显示的态势与海面上实际情况可能有差别。因此，驾驶员任何时候都不可忽视瞭望，不可盲目信赖ARPA。

六、实验报告

1. 写出 ARPA 试操船的基本操作步骤。
2. 实验相关注意事项。

第六节　雷达目标跟踪与 AIS 报告

在船舶会遇环境中，虽然通过对雷达目标的人工或自动标绘可以获得目标的避碰信息，但由于缺少目标船名称、种类等有助于识别目标的关键信息，为协调避碰行动带来了很大障碍。AIS 的出现及 AIS 报告目标与雷达跟踪目标的关联，巧妙地解决了困扰雷达避碰多年的"瓶颈"问题，进一步增强了雷达在避碰行动中的作用。

一、AIS 报告信息内容

AIS 报告目标提供了目标的四类信息：静态信息、动态信息、航次相关信息和安全相关短消息，其中前三类为基本信息。静态信息是指 AIS 设备正常使用时通常不需要变更的信息，主要包括 MMSI、呼号和船名、IMO 编号、船长和船宽、船舶类型、定位天线的位置等，这些信息在 AIS 设备安装的时候设定，在船舶买卖移交时需要重新设定。动态信息是指能够通过传感器自动更新的船舶运动参数，主要包括船位信息、UTC 时间、SOG、COG、船首向、船舶旋回速率（ROT，如果有）、船首倾角（如果有）、纵倾与横摇（如果有）等，通过这些信息，驾驶员能够掌握船舶的实时航行状态。航次相关信息亦称航行相关信息，是指驾驶员输入的，随航次而更新的船舶货运信息，包括船舶吃水、危险品货物、目的港/ETA、航线计划、开航前最大吃水等项目。安全相关短消息亦称安全短消息，可以是固定格式的，如岸台发布的重要的航行警告、气象报告等；也可以是驾驶员输入的自由格式的，与航行安全相关的文本消息。安全相关短消息可以寻址方式单独发送或群发给以 MMSI 为地址的特定船舶或船队，也可以用广播的方式发送给所有船舶。与雷达目标跟踪能够提供的信息相比，如目标距离/方位、CPA/TCPA、目标真航向/真航速、BCR/BCT，AIS 报告目标提供了更为丰富的目标参考信息，尤其是目标识别信息，非常有利于在复杂的会遇态势中建立有效的通信联系，为航行安全提供了更为有力的保障。

二、AIS 报告信息在雷达显示器上显示特点

雷达信息处理器依据一定准则将 AIS 报告目标与雷达跟踪目标关联，关联后的雷达显示器能够根据驾驶员的设置，提供最佳航行信息。比起 AIS 设备自身配置的 MKD，雷达显示器能够在丰富的航行背景下，以图标和字母数字方式直观显示 AIS 目标报告丰富的信息内容，有助于驾驶员掌握全面交通态势，做出正确避碰决策，是 AIS 目标信息理想的显示器。

三、雷达跟踪目标与 AIS 报告目标关联的概念

雷达将分别来自雷达传感器和 AIS 传感器关于目标的位置、航向、航速等精度离散的信息，按照时间和位置以及按照航向和航速，依据一定的准则优化处理、充分利用和合理支配，根据驾驶员的要求输出关于目标一致性的最佳动态信息，称为雷达跟踪目标与 AIS 报告目标关联。

四、雷达跟踪目标与 AIS 报告目标独立性与相关性

船舶配备 AIS 设备前，获取目标船航行动态信息的方法主要依赖于雷达对目标的探测、跟踪和解算，这些航行动态信息包括目标的距离、方位、CPA、TCPA、真航向、真航速、BCR、BCT 等。雷达目标跟踪信息的精度取决于本船配备的雷达、船首向传感器和航速传感器的精度，还取决于本船与目标船的动态和气象海况。AIS 配备后，船载 AIS 设备能够通过广播方式周期性自动播发本船的静态信息、动态信息、航次相关信息和安全相关短消息，以及接收来自周围其他船的同类信息。AIS 报告的目标动态信息的精度取决于目标船所配备的 GPS 接收机、船首向传感器、航速传感器及其他传感器，也在一定程度上受到气象海况和具体设备因素的影响。雷达目标跟踪信息和 AIS 目标报告信息分别通过相互独立的两个传感器系统获得，有各自独立的信息传播和获取途径，无法保持完全同步，两者关于同一个目标的信息必定存在误差，这就会给驾驶员判断会遇局面，决策避碰措施带来不确定性，直接影响到航行安全。但是对于同一个目标而言，目标跟踪信息与 AIS 报告信息又必然具有较好的相关性。为减轻信息过载给驾驶员带来的负担，需要按照一定的准则将雷达跟踪目标与 AIS 报告目标关联，输出两者信息融合后的该目标最佳动态信息。

五、性能标准规定

IMO 雷达设备性能标准对雷达跟踪目标与 AIS 报告目标的关联做出了明确规定，要求船舶导航雷达必须具备基于统一条件的自动目标关联功能，避免将同一物理目标显示为两个目标符号。

雷达跟踪目标与 AIS 报告目标两者的关联必须满足一定的关联准则（如位置、航速），当满足该准则且雷达跟踪目标和 AIS 报告目标信息都可用时，两者将被认为是同一个物理目标显示在雷达显示器上，在默认状态下，将显示 AIS 激活目标符号及其字母数字数据，也可将雷达跟踪目标设置为显示状态，并自由选择显示雷达跟踪目标或 AIS 报告目标的字

母数字信息；不满足该准则时，雷达跟踪目标和 AIS 报告目标将被视为两个不同的目标，并显示为一个雷达跟踪目标和一个 AIS 激活目标，且不发生报警。

六、关联原则

原则 1：在通常航行状态下，系统满足精度要求时，目标关联设置的基本原则是以 AIS 信息为参考。

原则 2：在低于 1.5 n mile 量程，系统满足精度要求的航行状态下，雷达跟踪精度与 AIS 目标精度相当，驾驶员可以根据航行需要选择关联设置原则。

原则 3：在任何量程中，驾驶员对 AIS 精度有任何怀疑，应考虑以雷达跟踪目标为准设置目标关联。

七、AIS 目标显现的条件

1. AIS 目标显现条件

AIS 目标只有在下列情况满足时才可显示：

（1）具有有效的本船船位和船首向。

（2）在 AIS 显示器上可见 Enable Input（允许输入）信息。

（3）AIS 目标信息正被接收且有效。

（4）在 AIS 显示器上可查阅睡眠目标过滤设置。

2. AIS 目标状态

AIS 目标通常以三角形符号显示在图像区域中并且可以下列各种状态显示：

睡眠状态		睡眠目标是尺寸比激活目标略小的三角形符号，且不显示船首线和矢量。
激活状态		激活目标带有船首线和航速/航向矢量。航速/航向矢量是一条源自三角形中心的虚线，其长度与矢量时间成正比。
		如果船首数据丢失或无效，航向矢量会替代船首线。 如果船首和 COG（对地航向）数据都不可用，三角形会指向显示区的顶端。
激活并被选择状态		当一个激活目标被选时，以目标原点为中心画出一个包围三角形的虚线方框，目标的信息会显示在 AIS 信息窗口中。
		当一个激活目标的长度和宽度超过 AIS 标准的三角形符号时，会出现一个船舶轮廓线包围 AIS 三角形。
不可用于避碰状态		当 SOG（对地速度）或 COG（对地航向）无法得到时，AIS 目标符号无法用于避碰计算，显示出一个无矢量线的虚线三角形。

八、操作

1. 开启 AIS 功能

AIS 功能通过 [Targets] 按钮打开。

在主菜单列表中用左键单击 [Targets] 按钮，打开目标子菜单列表，如图 2-6-1 所示。

2. 激活 AIS 目标

一个新录取目标的默认状态是睡眠状态。

（1）手动激活。手动激活一个 AIS 目标操作如下：

左击 AIS 目标，激活的 AIS 目标将显示船首线和航速/航向矢量。如果在目标显示识别区内，显示 AIS 自动分配的目标编号，如图 2-6-2 所示。

（2）读取目标数据。再左击已激活的目标一次，绿色的虚框出现在目标的周围，且 AIS 目标详细信息显示在选定的目标子菜单的目标数据栏中，即可读取一个激活 AIS 目标数据。

3. 激活目标变为睡眠目标

一个激活或选择的已激活目标可以手动地设置为睡眠目标，如图 2-6-3 所示，具体操作步骤如下：

（1）右击 AIS 目标。

（2）出现一个半透明的窗口，如图 2-6-3 所示，左击 [Set to Sleeping]。

（3）原激活目标变为睡眠目标，船首线、航速/航向数据和识别数据从屏幕中消失。如果目标曾被激活和选择，将保留选择框。

（4）若想重新激活一个睡眠目标，再左击该目标，则先前的所有目标数据全部恢复。

图 2-6-1　Targets 菜单

图 2-6-2　雷达 AIS 目标

图 2-6-3　休眠目标设置菜单

4. AIS 目标报警状态

下列报警状态适用于任何状态的任何 AIS 目标（除了没有产生丢失报警的睡眠目标）：

目标侵入 CPA/TCPA/BCR 或录取区

当一个 AIS 目标侵入 CPA/TCPA/BCR 限度或进入一个录取区时，目标符号和它的船首线/矢量线呈红色闪烁。

当 AIS 使用船舶符号时，其轮廓线也呈现红色闪烁。

目标丢失

被认为丢失的激活目标会在 AIS 符号上呈现一个红色的叉形符号。目标保持它最后的船首线和 COG/SOG，并连续地报警直到丢失目标报警被确认。当丢失目标报警未确认期间红色叉形符号一直闪烁。

注意丢失 AIS 目标不会产生 CPA/TCPA 报警。

在录取区内的 AIS 目标将保留红色闪烁直到报警被确认。当报警已经被确认时，AIS 符号将转换回正常状态（绿色）。

当 CPA/TCPA Limit 和 Bow Crossing Limit 报警已经被确认时，AIS 符号停止闪烁，但这个符号保持红色直到 CPA/TCPA 和 Bow Crossing 超过设定限度。

5. 读取 AIS 目标信息

AIS 信息选项卡以字符形式显示一个激活的 AIS 目标信息。如果目标设置睡眠状态，其数据信息自动地从选项卡中移出。

当本船提供的船位和船首向有效时，显示 AIS 目标，并在显示窗口中 AIS Input 可用。

在任何时间都可在海图窗口显示多于 200 个 AIS 目标和 AIS 物标符号。当达到 AIS 最大显示值时，会给出一个提示。当超过这个最大值时，一个 AIS Full 报警出现。

当不显示 AIS 目标时，接收的 AIS 播发信息连续地被存储，以至于当显示条件允许时可以迅速地显示已知 AIS 目标数据。

AIS 目标信息数据

当一个目标被选择时，当前数据被显示在 AIS 信息栏中，如图 2-6-4 所示：

目标分配的编号

目标船名（如果已知）

A 或 B 类 AIS 目标

船舶 MMSI

动态数据

目标经纬度位置

定位精度

RAIM 接收机自主完善性监视

定位精度

AIS 信息更新频率

COG 对地航向

SOG 对地航速

船首向

航行状态

转向速率

图 2-6-4 AIS 信息窗口

航次数据（如果航次数据不可用，则显示"Missing 或 Unknown"，如图 2-6-5 所示）

船舶吃水

船舶装载危险货物信息

目的港

ETA 预计到港时间

静态数据（如果静态数据不可用，则显示"Missing 或 Unknown"，如图 2-6-6 所示）

IMO 编码

呼号

船长（单位：m）

船宽（单位：m）

船舶类型

天线离船首的距离

天线离船首尾线的距离

由于静态数据的更新频率低于动态数据，因此刚开始读取目标船 AIS 数据时，静态数据易丢失。

图 2-6-5　航次数据窗口

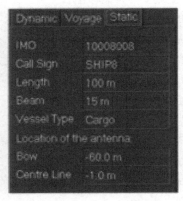

图 2-6-6　静态数据窗口

6. AIS 目标和雷达跟踪目标优先权切换

从主屏幕上可改变目标显示优先权。在屏幕右上角的显示优先权按钮显示了当前的优先权设置，即 AIS Priority 和 TT Priority。左击按钮可在两种优先权间转换。

7. 查看本船 AIS 数据

在 Targets 菜单选择 Own Ship AIS 按钮，进入 Own Ship AIS 窗口，它显示了本船的 AIS 数据，如图 2-6-7 所示，包含了下列选项卡：Own Ship（本船）和 Messages（信息）。

（1）Own Ship 选项卡包含下列只读信息：

Name of vessel（船名）

Class（A or B）（类别，A 类或 B 类）

Vessel MMSI（海上移动业务识别码）

Heading（HDG）（船首向）

Lat（当前纬度）

Lon（当前经度）

COG（对地航向）

SOG（对地航速）

Type（船舶类型）

Call（呼号，如 Own Ship）

Destination（目的港）

Status（航行状态）

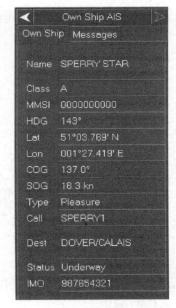

图 2-6-7　本船 AIS 数据窗口

IMO（IMO 编码）

其中，HDG、船位、COG、SOG 数据从指定传感器接收。

本船航行状态包括下列各项：

Underway（在航）

At anchor（锚泊）

Not under command（失控）
Restricted maneuver（操纵能力受限）
Constrain draught（吃水受限）

Moored（靠泊）

Aground（搁浅）

Fishing（捕鱼）

Sailing（驶风在航）

如果这些状态都不适用状态字段显示为 Unknown。

（2）Messages 信息。信息选项卡显示了由外部设备发出的信息，如图 2-6-8 所示，例如由本地区其他船舶发送的信息。

AIS 信息由于转达其他操作者需要注意的信息，当一条信息被接收时，信息图标显示为琥珀色 ，并发出声响指示，在信息栏中显示信息。

左击信息列表浏览详细信息。发送信息船舶的 MMSI 码、接收信息时间和详细信息显示在 Message Info 窗口中。当所有信息被选择时，信息图标恢复到标准系统颜色。

点击［Select Vessel］按钮，在目标栏中加亮显示信息发送者。目标的详细信息显示在 Selected Target 的 AIS In-fo 选项卡中。

选择接收信息窗口内的信息，点击［Delete］按钮，信息被删除并从列表中移除。

8. 目标关联设置

从 Limits and Settings 窗口中查找 Target Association 设置目标关联参数，如图 2-6-9 所示。

作为一个相同的目标，其距离、方位和速度矢量的差别必须低于关联极限值。

如果目标改变航向，其差别值大于极限值，目标的关联将被分开。

目标关联两种定义设置：Standard（标准）和 Loose（宽松），表 2-6-1 列出了关联设置参数的缺省值。

图 2-6-8 信息数据窗口

图 2-6-9 参数设置窗口

勾选 Standard Setting 或 Loose Setting 复选框可重新更改目标关联设置。注意设置值过高可能导致不同目标被认为是相同目标；然而，设置值过低可能使相同的目标不被认为有关联，导致多目标被显示在同一个位置上。

表 2-6-1　目标关联参数缺省值

参数	距离	角度	速度
标准设置	0.06 n mile	1.2°	5.0 kn
宽松设置	0.18 n mile	2.0°	5.0 kn
数值范围	0.05～1.00 n mile	0.1°～5.0°	1.5～10 kn

实验六　雷达目标跟踪与 AIS 报告

一、实验目的

掌握雷达目标跟踪和 AIS 报告。巩固和加强学生对理论知识的理解，提高分析和解决实际问题及使用雷达目标跟踪和 AIS 报告的综合能力。

二、实验内容

1. 学习如何开启 AIS 功能、激活 AIS 目标。
2. 通过读取目标船 AIS 信息，掌握各种信息的含义及其应用。
3. 通过 AIS 目标报警状态的学习，掌握各种报警状态的类型及其处理方法。
4. 学习读取本船 AIS 数据，设置关联参数，并根据关联原则设置 AIS 目标和雷达跟踪目标优先权。

三、实验前的准备

1. 复习《航海仪器（下册：船舶导航雷达)》第七章有关内容。
2. 预习本次实验内容和实验步骤。
3. 预习与本项实验有关的雷达、ARPA 的操作步骤。

四、实验过程

1. 开启 AIS 功能。
2. 激活 AIS 目标。
3. 读取 AIS 目标信息。
4. 查看本船 AIS 数据。
5. 通过 AIS 目标报警状态，辨别不同类型的 AIS 目标。
6. 设置目标关联参数，调整 AIS 目标和雷达跟踪目标优先权。

五、注意事项

1. 为了确保人身和设备的安全，在雷达通电状态下，严禁人体的任何部位直接接触机内任何元器件。

2. 读取本船或目标船 AIS 数据时，要注意静态信息的变化以及是否存在有警报的目标。

3. 实验过程中如遇异常现象，立即关机，同时报告实验指导教师处理。

六、实验报告

1. 介绍雷达目标和 AIS 目标的关联原则，并说明实验室雷达调整 AIS 目标和雷达跟踪目标优先权的方法。

2. 介绍雷达中 AIS 目标显现的条件。

3. 从雷达中查看本船 AIS 数据，并写出本船的船名、呼号、对地航向、对地航速、吃水等。

4. 介绍激活 AIS 目标的具体步骤。

5. 介绍读取 AIS 目标数据的具体步骤，并写出当前目标的船名、呼号、对地航向、对地航速、吃水等。

第三章

船舶避碰实验

第一节　号灯和号型的显示与识别

号灯和号型是用来表明船舶的存在，并可以表明船舶的种类、尺度、动态或作业方式等信息的灯光和型体，船舶驾驶员应全面掌握号灯与号型的有关内容，以便能够在实际工作中正确显示本船的号灯和号型，及时识别他船的号灯和号型，并且能够迅速准确地判明他船的船舶的种类、尺度、动态或作业方式以及两船所构成的会遇态势等。

一、号灯和号型的正确显示

每一船舶都应遵守《1972 年国际海上避碰规则》（以下简称《规则》）的有关规定，正确显示号灯和号型，便于他船准确了解本船的种类、大小、动态和工作性质等，以便及时和正确地判断会遇形势、碰撞危险和避让关系，采取避让行动以避免碰撞。

在显示号灯和号型时，至少应注意以下各点：

1. 开航前应测试和检查号灯是否正常，并备妥号型。

2. 在交接班时应检查号灯是否工作正常。

3. 注意检查本船有无其他会被误认为号灯的灯光或干扰号灯特性的灯光。

4. 不得显示不符合本船情况的号灯和号型。

5. 严格执行号灯和号型的显示要求，不应借口附近没有船或他船可能看不到本船的号灯和号型而不予显示。

二、号灯和号型的正确识别

识别号灯和号型是互见中本船了解来船种类、大小、动态、工作性质等信息的重要手段。要正确、充分利用这一手段，需要注意以下各点：

1. 保持正规的瞭望，及早发现。

2. 特别注意仅看到一盏白灯的情况，有多种可能性，例如：

（1）机动船的桅灯。

（2）尾灯。

（3）小型船舶的锚灯。

（4）小型帆船或划桨船显示的号灯。

（5）我国非机动船航行或锚泊时的号灯等。

3. 注意各种号灯的法定能见距离大小不一。

4. 实际发现号灯时的距离和号灯的法定能见距离也不完全相同。

5. 考虑到本船处于不利的或危险的情况而加以戒备。

▶ 附录　主要船舶的号灯口诀

1. 航行中船舶的号灯

左红右绿当头白，船尾还有一白灯；

桅舷尾拖有弧度，其他都是环照灯。

注："当头白"是指船舶的桅灯。

2. 拖带船舶的号灯

拖带船舶加桅灯，三盏两盏长度定；

尾灯上方加黄灯，被拖船舶尾舷灯。

注："长度"即拖带长度，是指自拖船船尾至被拖船船尾（或被拖物体后端）间的水平距离。

3. 从事捕鱼作业船舶的号灯

上绿下白是拖网，上红下白捕鱼中；

放网加点两白灯，起网加点白又红；

网具挂住障碍物，垂直加点两盏红。

注："捕鱼中"是指非拖网捕鱼船。

4. 其他船舶的号灯

引航船舶点白红，红白红灯是特工；

搁浅锚灯加两红，两盏红灯是失控；

扫雷舰船三盏绿，限于吃水三盏红；

左右舷灯加尾灯，表示船舶在行动。

注："特工"是指"特殊的工作"，即操纵能力受到限制的船舶。

第二节　国际信号规则的运用

一、《国际信号规则》概述

《国际信号规则》（International Code of Signal，ICS）是为保障各国船舶、飞机、岸台之间在各种情况下进行通信联系，当遇到危及航行和人命安全的情况时，特别是通信双方（或多方）存在语言障碍时，依然能够保证通信畅通而推出的，该规则于 1969 年 4 月 1 日生效。我国政府宣布自 1975 年 7 月 1 日起执行。当不存在语言障碍时，该规则也可以使通信简洁而有效。

截至 2019 年，1969 年《国际信号规则》共经过了 1981 年、1987 年和 2003 年三次修订。根据 SOLAS（International Convention for Safety of Life at Sea）公约规定，《国际信号规则》是船舶必备的航海资料之一，也是 ISM（International Safety Management）规则要求港口国检查官员必查的资料。

《国际信号规则》的内容分为三个部分：

第一部分是正文，共 14 章，包括各种通信的方法、程序、定义及规则等，供所有通信者共同执行和使用。

第二部分是通信时可能用到的信号码及其所代表的实际意义，分别用中、英文列出，供通信者选用。这部分也是《国际信号规则》的主体。

第三部分为附录，包括遇险信号、救生信号、呼救发信程序及安全电信的收听等，供紧急情况下参考使用。

二、国际信号码

《国际信号规则》中的信号码包括：单字母信号、双字母信号［即"通用部分（general section）"］和三字母信号［即"医疗部分（medical section）"］。

1. 单字母信号

单字母信号（single letter signals）是指单个英文字母信号。在 26 个英文字母中，除了"R"没有意义外，其他 25 个字母都有其完整的意义。单字母信号用于最紧急、最重要或最常用（即三个"最"）的内容，并且适用于任何通信方法，应熟练记忆。

2. 双字母信号

《国际信号规则》中的双字母信号从 AA 到 ZZ，作为一般信号，编排在"通用部分"，是国际信号规则的主要组成部分。

（1）双字母信号码的编排。根据信文内容的不同主题，将 AC~ZZ 的全部信号码分为 9 个部分，信号码在左侧，按照字母顺序编排，信号含义对应在右侧。

第一部分：遇险~紧急（AC~HT）；

第二部分：伤亡事故~损坏（HV~LJ1）；

第三部分：助航设备~航行~水文（LK~QC1）；

第四部分：船舶操纵（QD~SQ3）；

第五部分：杂项（ST~VF）；

第六部分：气象~天气（VG~YD6）；

第七部分：船舶的航信（YG）；

第八部分：通信（YH~ZR）；

第九部分：国际卫生规则（ZS~ZZ1）。

《国际信号规则》中的双字母信号码组又分为基本信号码组、补充信号码组和参考信号码组。

① 基本信号码组。由两个英文字母组成的信号码组，称为基本信号码组，如 AC~AZ，BA~BZ。

② 补充信号码组。根据信文内容的需要，在基本信号码组的后面加上一个数字，称为补充信号码组，如 BB1、BB2 等。补充信号码组的作用有以下几个方面：

A. 更正原信号码组的意义。

例如：IA——我船首柱受损。

IA1——我船尾柱受损。

B. 对原主题或原信号的提问。

例如：MD——我的航向是……

MD1——你的航向是多少？

C. 回答原信号的问题或要求。

例如：HX——你在碰撞中受到什么损坏呢？

HX1——我船水线以上部分受到严重损坏。

D. 充实、明确或详细说明原信号的情况。

例如：IN——我需要一名潜水员。

IN1——我需要一名潜水员清理推进器。

③ 参考信号码组。在国际信号规则页面的右侧，标注有单、双字母信号码组，表示这些标注的信号码组在内容上与该基本信号码组有关，或者将其性质上相类似的信号集中在一起，便于在编码时查阅参考。

例如：OD——我后吃水为……（ft 或 m）。

我搁浅时的最大吃水为……（ft 或 m）。 JJ

你搁浅时的吃水为多少？ JJ1

（2）译码方法。译码即将收到的信号码组译为明语，按照字母编排顺序查找即可。

（3）编码方法。编码即把明语信文编为码语信文的过程。在编码时首先需要根据信文内容的主题性质确定该内容应当归属于哪一部分，再从该部分中找出具体的小项目，在小项目所指的页数找到合适的信号码。

例如：甲船发送的信文——"我将在何处抛锚？"

该信文的中心内容是"抛锚"，属于"船舶操纵"部分，为此在《国际信号规则》目录的"通用部分"找到"第四部分 船舶操纵"中找到"抛锚"这一项目对应的页码，然后在对应页面中找到合适的码组"QY1"。

一般情况下，一句信文可能有两种或两种以上分类方法，如果在其中一种分类中找不到，应该到另一类中去找。

3. 三字母信号

三字母信号是以"M"（medical section）字母为首的三个字母组成，从 MAA 至 MVU，按照英文字母次序排列，作为医疗部分的专用信号。

三字母信号内容分为两部分：

（1）第一部分是请求医疗援助，用于对船长的指导。

（2）第二部分是医疗指导，用于对医生的指导。

三字母信号的内容编排和使用方法都与双字母信号相同。另外，三字母信号也有三个补充码表，称为医学术语表。表 M1 为躯体各部位，代号为 01-92；表 M2 为常见疾病，代号为 01-94；表 M3 为药物名单，代号为 01-38。

第三节 雷达标绘基础

一、运动要素

船舶的运动要素是反映船舶的运动状态，衡量本船与他船是否存在碰撞危险以及判断潜在碰撞危险程度的要素。

船舶的运动要素包括：航向、航速、DCPA（distance of closest point of approaching）

和 TCPA（time to closest point of approaching）。

1. 航向、航速是反映船舶的运动状态的参数。

2. DCPA，即两船会遇时的最小通过距离，是衡量两船是否会导致碰撞的标准。DCPA越小越危险，而且 DCPA 为 0 的时候，两船会发生碰撞事故。

3. TCPA，即到达最近会遇距离点的时间，是判断两船潜在碰撞危险紧迫程度大小的重要依据。很明显，在 DCPA 一定的情况下，TCPA 越小则碰撞危险程度越大。

二、运动矢量

在雷达避碰中，一般用运动矢量来表示船舶的运动状态（图 3-3-1）。考虑到船舶避碰中通常只关心船舶在水平面上的运动，所以运动矢量在此包含航向、航速两个标量。

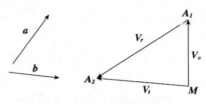

图 3-3-1　运动矢量

三、船舶间相对关系

1. 船速比及其意义

船速比（K）是指本船船速（v_o）与来船船速（v_A）的比值，即 $K = v_o/v_A$。很明显，当 $K=1$ 时，两船船速相等；$K>1$ 时，本船快、来船慢；$K<1$ 时，本船慢、来船快。

当来船航速快于本船时，无论其从任何方位驶近均有可能与本船构成碰撞危险。当来船航速慢于本船时，正横以后的来船与本船的距离会越来越远，因而不存在碰撞危险；正横以前的来船，会与本船越来越近，从而有可能构成碰撞危险。可见，两船间是否构成碰撞危险与其船速比以及相对位置有关。另外，船速比对于避让效果也有直接影响，本船快于来船时（$K>1$），本船避让的效果好，他船避让效果差。

2. 相对航向线舷角 q

相对航向线一般指来船的相对运动轨迹，也称相对运动线。相对航向线舷角一般用来表示两船相对运动关系，是相对航向线的反方向（来向）与本船航向线所构成的舷角，如图 3-3-2所示。

来船的 $DCPA$ 值取决于来船的距离 D 与相对航向线舷角 q。

3. 相对航向线变化角 α

相对航向线变化角 α 指相对航向线舷角 q 的变化，一般用来衡量船舶避让行动的效果。避让后的 $DCPA$ 变化量取决于采取避让措施时他船的距离 D 与相对航向线变化角 α（图 3-3-3）。

4. 反舷角

反舷角是指他船观察到的本船的舷角，如图 3-3-4 所示。反舷角同样表示两船间的相对关系，是两船协调避让时应该考虑的重要因素。

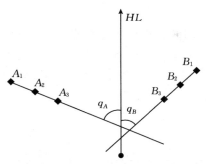

图 3-3-2 相对航向线舷角

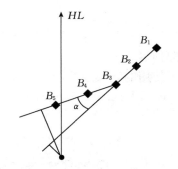

图 3-3-3 相对航向线变化角

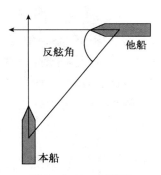

图 3-3-4 反舷角

四、船舶真运动与相对运动

在研究船舶操纵的时候，我们往往关心的是船舶相对于地球（或水面）的运动状态，船舶的航向和航速一般也是相对于随地球（或水面）运动的坐标系而言的。在船舶避碰实践中，驾引人员关心的是他船相对于本船的关系，很显然，选择随本船运动的坐标系来研究他船的运动会更方便。

为此，可以将船舶相对于随地球（或水）运动的坐标系的运动称为真运动，船舶相对于随另一运动船舶而运动的坐标系的运动称为相对运动。换言之，真运动即船舶相对于地球（或水）的运动；相对运动即船舶相对于船舶（一般指本船）的运动。如图 3-3-5 所示，根据相对运动原理，船舶真运动与相对运动之间的关系为

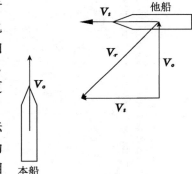

图 3-3-5 船舶真运动与相对运动的关系

$$V_t = V_r + V_o \qquad (3-3-1)$$

式中，V_t 为他船的真运动矢量；V_r 为他船的相对运动矢量，即他船相对于本船的运动矢量；V_o 为本船的真运动矢量，也是他船的牵连运动矢量。

根据式（3-3-1），还可以得出：

$$V_r = V_t + (-V_o) \qquad (3-3-2)$$
$$V_o = V_t + (-V_r) \qquad (3-3-3)$$

式（3-3-1）、式（3-3-2）和式（3-3-3）表示的矢量运算关系就是雷达标绘中将运用到的基本原理，对于 V_t、V_r、V_o，任意给定其中的两个矢量，都可以运用作图法求出另外一个未知矢量。考虑到船舶运动矢量具有航向和航速两个标量，因此，任意给定 V_t、V_r、V_o 中的 4 个已知标量，另外两个未知标量也可以运用作图法很容易地求出。常见的问题有：

（1）已知本船运动与他船相对运动，求他船真运动。

（2）已知他船的真运动和本船计划采取措施，求相对运动。

（3）已知他船的真运动和设定的相对运动，求我船应采取的行动。

五、雷达标绘纸

雷达标绘纸是一种既有方位与距离标志，又有用于计算时间、距离和速度的比例尺的专用图纸，专门用来标绘目标船的运动参数和求取针对目标船的安全避让措施。常用的雷达标绘纸有两种，一种为我国海军使用的舰操绘算图（图 3-3-6），一种为瑞典卡尔马商船学院（Merchant Marine Academy in Kalmar，Sweden）使用的标绘图（图 3-3-7）。

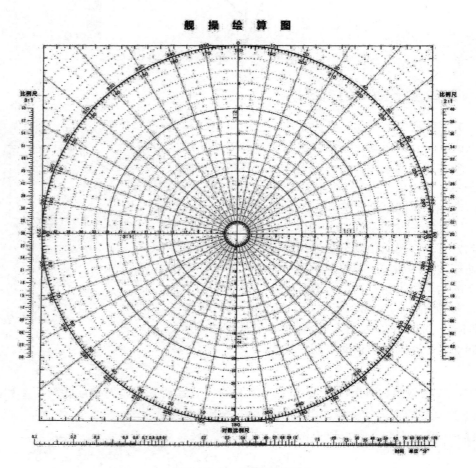

图 3-3-6 舰操绘算图

1. 对数比例尺的使用

对数比例尺实质上就是计算尺，其上的所有数字既可以表示时间（min），也可以表示距离（n mile），运用该比例尺可以很方便地计算时间、距离、速度（图 3-3-8）。具体使用方法如下：

（1）已知目标船在 12 min 内的相对航程为 2.4 n mile，若需求取目标船移动 6.8 n mile 所需的时间，则可直接将分规的左脚置于对数比例尺的 2.4 处，右脚置于 12 处，然后，保持分规跨度不变，将分规整体向右移动，使其左脚移至 6.8 处，此时分规右脚所指的读数 34，就是该目标船移动 6.8 n mile 所需的时间（34 min）。

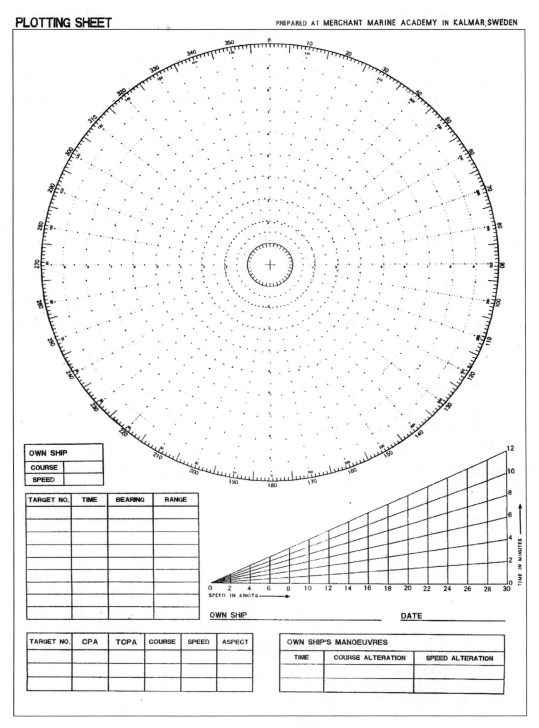

图 3-3-7 雷达标绘图

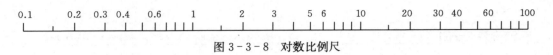

图3-3-8 对数比例尺

（2）已知目标船在12 min内的航程为2.2 n mile，若需求取目标船的航速，则可直接将分规的左脚置于对数比例尺的2.2处，右脚置于12处，然后，保持分规跨度不变，将分规整体向右移动，使其右脚移至60处，此时分规左脚所指的读数11，表示该目标船的航速为11 kn。

同样道理，还可以运用对数比例尺求取航程，限于篇幅不再赘述。

2. 三角比例尺的使用

三角比例尺的用法也非常简单，运用该比例尺可以很方便、快速地计算时间、距离、速度，如图3-3-9所示。具体使用方法：

（1）已知本船航速为15 kn，若需求取本船12 min内的航程，则可直接将分规的一脚置于三角比例尺横轴的15处（介于14和16的中间），另一脚置于垂直于横轴且与纵轴12所指斜线的交叉处，该长度即表示本船12 min内的航程（3 n mile），作图时可以直接用该长度截取出本船的真矢量。

（2）已知目标船12 min的真矢量长度（2.2 n mile），若需求取目标船的航速，则可将分规的两脚截取该矢量长度（不需要读取数值），然后保持分规跨度不变，将分规一脚在横轴上左右移动，使其另一脚刚好落在纵轴12所在的斜线上，此时在横轴读取的数值为11，表示该目标船的航速为11 kn。

（3）已知目标船在12 min内的相对矢量长度或相对航程（如2.4 n mile），若需求取目标船移动6.8 n mile所需的时间，首先用该相对矢量长度在三角比例尺上求出目标船的相对航速（12 kn），然后再在目标船相对运动线上截出两个相对矢量长度（4.8 n mile）；对于剩余的相对航程（2.0 n mile），最后截取该长度后保持分规跨度不变，将分规的一脚置于三角比例尺的横轴12（即航速12 kn）处，用另一脚所在的位置在纵轴上读取数值（约10 min），那么得到目标船移动6.8 n mile所需的时间为12＋12＋10＝34 min。

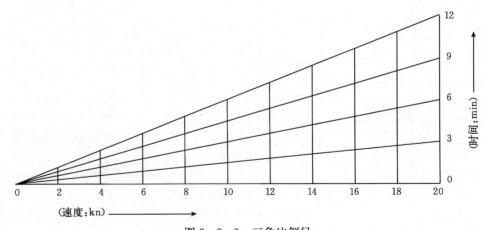

图3-3-9 三角比例尺

第四节 雷达标绘方法

一、相对运动作图基本原理

(一)运动矢量图示方法

在雷达标绘中,通常假定在某一段时间内,船舶做匀速直线运动。为此,可以采用某一单位时间内(实践中,为计算方便,可以取 3 min、6 min 或 12 min)的航程来表示其运动矢量。实际作图时用有向线段表示矢量时,通常也可不带有箭头,而是用端点表示方向。

如图 3-4-1 所示,在三角形 MA_1A_3 中,MA_1 为本船运动矢量,其大小等于本船在观测时间($\Delta T = T_1 - T_3$)内的航程,方向平行于我船航向(首向上作图时为 000°)。MA_3 为 A 船真运动矢量,A_1A_3 为 A 船的相对运动矢量。

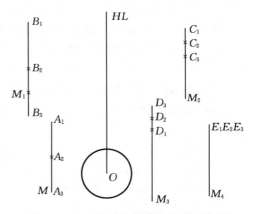

图 3-4-1 船舶运动矢量图示

在相对运动作图过程中,往往还需要做目标船相对航程的绘算。如果已知目标船相对于本船的位置和相对矢量,假定两船均保向保速,则可以求出任意时刻目标船的相对位置或到达某一相对位置的时间。例如图 3-4-1 中,A 船 TCPA 的计算方法为:

$$TCPA = \Delta T \times PA_3 / A_1A_3 + T_3 \qquad (3-4-1)$$

在实践中船舶运动矢量经常会出现构不成三角形的特殊情况,如目标船的相对运动线与本船船首线平行或重合,此时矢量三角形就会变成重合的几个有向线段。如图 3-4-2 所示,A 船真矢量 MA_3 长度为 0,其相对运动矢量 A_1A_3 长度与本船真矢量 MA_1 长度相等、方向相反,故 A 船为静止目标(航速为 0);B 船航向与本船航向相反、航速低于本船;C 船航向与本船相同、航速低于本船;D 船航向与本船相同、航速高于本船;E 船与本船同向同速,相对静止。

(二)相对运动作图求避让措施

求出目标船的运动要素后,如果发现目标船

图 3-4-2 特殊情况下的矢量三角形

的 DCPA 为 0 或 DCPA 值小于根据当时环境和情况设定的安全距离,即目标船与本船存在碰撞危险时,本船必须根据《规则》的有关规定采取转向和(或)变速避让措施。

如图 3-4-3 所示,A 船相对运动矢量 A_1A_3 及其延长线穿过中心,容易知道 A 船与本船的 DCPA 为 0,存在碰撞危险。避让方案可以有:

(1)本船保速右转、A 船保向保速,转向后本船真矢量为 MA_{11},此时 A 船相对运动矢量为 $A_{11}A_3$。

（2）本船保向减速、A 船保向保速，减速后本船真矢量为 MA_{12}，此时 A 船相对运动矢量为 $A_{12}A_3$。

（3）本船转向结合减速、A 船保向保速，本船真矢量变成 MA_{13}，此时 A 船相对运动矢量为 $A_{13}A_3$。

（4）本船保速右转至 MA_{11}，同时 A 船保速转向至 MA_{31}，此时 A 船相对运动矢量为 $A_{11}A_{31}$。

（5）本船保向减速至 MA_{12}，同时 A 船保向减速至 MA_{32}，此时 A 船相对运动矢量为 $A_{12}A_{32}$。

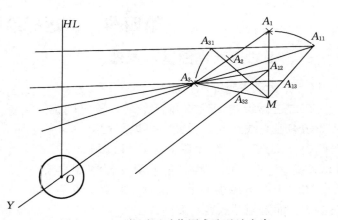

图 3-4-3　相对运动作图求取避让方案

很明显，采取以上 5 种避让方案后，A 船与本船的 $DCPA$ 均有所增大。由此可见，"本船采取避让措施"的实质就是通过控制本船的运动矢量来改变目标船的相对运动矢量，使目标船相对运动线远离本船（雷达荧光屏扫描中心或标绘极坐标中心）。

二、相对运动作图具体方法

相对运动作图是船舶避碰时最常用的雷达标绘方法，其突出优点可以体现在以下四个方面：

（1）能够很方便地求出目标船的 $DCPA$ 和 $TCPA$，进而判断其与我船是否存在碰撞危险。

（2）可以求出来船的真航向和真航速。

（3）根据设定的避让要求，可以推算出应采取的避让措施。

（4）在保证目标船在安全距离上驶过的前提下，可以求出最早恢复航向和（或）航速的时机。

（一）相对运动作图法求他船运动要素

例 1　本船雾中航行，真航向（TC）011°，航速 10 kn。用雷达连续观测目标船信息如表 3-4-1 所示。

表 3-4-1　雷达连续观测目标船信息

时间	真方位（TB）	相对方位（RB）	距离（D）
09 时 00 分	052°	041°	10.0 n mile
09 时 06 分	051°	040°	8.5 n mile
09 时 12 分	048°	038°	7.0 n mile

求目标船的 $DCPA$、$TCPA$ 及其航向和航速。

作图步骤（图 3-4-4）：

1. 标出本船的航向 $TC=011°$。

2. 标出目标船的相对位置点 A_1、A_2 和 A_3。

3. 连接 A_1、A_2 和 A_3 点并一次性延长之得到相对运动线 A_1Y，则 A_1A_3 即为目标船相对运动矢量。

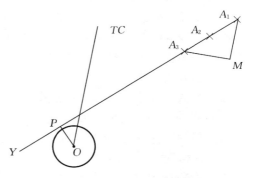

4. 从本船位置点 O 作相对运动线 A_1Y 的垂线，垂足 P 即为最近会遇点，OP 的长度即为 $DCPA$，本例为 1.2 n mile。

$$TCPA = PA_3/A_1A_3 \times \Delta T + T_3$$
$$= 6.96/3.07 \times 12 + 0912$$
$$= 0939$$

图 3-4-4 北向上作图结果

5. 从 A_1 点作出本船船首线的反向平行线，并且截取本船在两次观测时间段（$T_3 - T_1$）内的航程（本例题为 2.0 n mile），得到 M 点，MA_1 即为本船真矢量（方向为 011°，长度为 2.0 n mile）。

6. 连接 MA_3。根据矢量关系：$V_t = V_r + V_o$，将本船速度矢量 MA_1 加在目标船相对矢量 A_1A_3 之上，矢量和 MA_3 即为来船的速度矢量。

7. 将 MA_3 平移到坐标中心或罗经花上读取其方向为 280°，MA_3 的长度 2.2 n mile 是 12 min 内的航程，故其航速为：$V_A = 2.2/12 \times 60 = 11.0$（kn）。

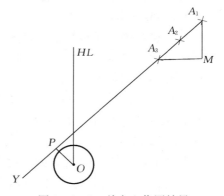

通常把上述标绘的过程称为"自始（A_1 点）反航（画出 A_1M 线）向终连（连接 M、A_3 两点）"。同时，这也是相对运动作图法最核心的原理。

本例题中同时给出了目标船的真方位和相对方位，实际作图时可以采用北向上作图或首向上作图（图 3-4-5）。一般情况下，题目如果给的是真方位，最好用北向上作图，如果给的是相对方位，最好采用首向上作图。容易知道，两种作图法的结果相差一个角度，即本船的航向角（TC）。因此，在首向上相对运动作图时，得到的目标船航向 MA_3 加上本船的航向 TC，才是目标船的真航向。

图 3-4-5 首向上作图结果

（二）相对运动作图法求避让措施

1. 给定 DCPA，求转向避让措施

例 2 本船雾中航行，真航向（TC）030°，航速 10 kn。雷达观测来船方位距离如表 3-4-2 所示。

表 3-4-2 雷达观测来船方位距离

时间	相对方位（RB）	距离（D）
09 时 00 分	060°	9.5 n mile
09 时 06 分	060°	8.0 n mile
09 时 12 分	060°	6.5 n mile

假设来船保持航向航速不变，本船计划在来船距离本船 5 n mile 时向右转向避让，欲使

他船在 2 n mile 外驶过，求应改驶的新航向。

作图步骤（图 3-4-6）：

（1）采用首向上作图法，000°方位线即为本船船首线。

（2）选择长度比例尺，并根据所观测到的来船相对方位和距离，标出船的相对位置点 A_1、A_2 和 A_3。

（3）连接 A_1、A_2 和 A_3 点并延长之得相对运动线 A_1Y，A_1A_3 为相对运动矢量。

（4）过 A_1 点（使 A_1 为终点）画出本船运动矢量 MA_1，使其方向为

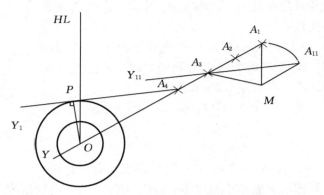

图 3-4-6　给定 $DCPA$ 求转向避让措施

000°，根据本船航速和观测时间差确定矢量长度为 2.0 n mile。

（5）根据矢量合成法则，连接 M 点和 A_3 点，则矢量 MA_3 即为来船的速度矢量。

（6）确定采取转向措施时他船相对位置 A_4，本例中本船计划在来船距离本船 5 n mile 时向右转向避让，他船相对本船应为 060°。

（7）过 A_4 点作安全 $DCPA$＝2 n mile 距离圈的切线，得 A_4Y_1。

注意：这样的切线有两条，只有过本船船首的切线才是本题要求的，过船尾的切线，得到的避让措施为左转，不符合《规则》要求。

（8）过 A_3 点作 A_4Y_1 的平行线 A_3Y_{11}。

（9）以 M 点为圆心，以 MA_1 为半径画弧，交 A_3Y_{11} 得 A_{11} 点。

则 MA_{11} 为本船转向避让的运动矢量，MA_{11} 和 MA_1 两方向之差即为转向角 ΔC，本例为 59°，本船应改驶的新航向为原航向加上转向角，即 89°。在来船沿相对运动线到达 A_4 后，本船采取向右转向 59°，则他船新的相对运动矢量变为 $A_{11}A_3$，他船将沿 A_4Y_1 做新的相对运动，$DCPA$ 应为 2 n mile（前提是他船不采取行动），$TCPA＝A_4P/A_{11}A_3×12+A_3A_4/A_1A_3×12+0912＝0933$。

2. 给定转向角，求 $DCPA$ 并且恢复原航向的时机

例 3　本船雾中航行，真航向（TC）020°，航速 15 kn。用雷达观测目标船的方位距离资料如表 3-4-3 所示。

表 3-4-3　雷达观测目标船的方位距离

时间	相对方位（RB）	距离（D）
23 时 28 分	060°	9.0 n mile
23 时 34 分	059.5°	8.0 n mile
23 时 40 分	058°	7.0 n mile

本船在 23 时 52 分保速右转 60°避让，4 min 后航向稳定在新航向（080°）上，此时用雷达测得目标船相对方位 048°、距离 4.0 n mile。假定目标船保向保速，求：

（1）本船采取行动后，目标船的 $DCPA$ 与 $TCPA$。

（2）为保持 2.0 n mile 通过，本船最早何时可以恢复原航向？

作图步骤（图 3-4-7）：

① 采用首向上作图法，000°方位线即为本船船首线。

② 根据所观测到的来船相对方位和距离，标出目标船的相对位置点 A_1、A_2 和 A_3。

③ 连接 A_1、A_2 和 A_3 点并延长之得相对运动线 A_1Y，A_1A_3 为目标船相对运动矢量。

④ 过 A_1 点作出本船船首线的反向平行线，截取本船在两个观测时间段内的航程 3.0 n mile，得到 M 点，MA_1 就是本船真矢量。

⑤ 连接 M 点和 A_3 点，根据矢量合成法则，则矢量 MA_3 就是目标船的真矢量。

⑥ 从 M 点作出本船右转 60°后的新矢量 MA_{11}，使其方向为 060°、矢量长度仍为 3.0 n mile。

⑦ 连接 A_{11} 点和 A_3 点，则矢量 $A_{11}A_3$ 即为本船转向后，目标船相对于本船新的相对运动矢量。

⑧ 确定本船采取转向措施时目标船的相对位置 A_4。

本例中本船在 23 时 52 分保速右转 60°避让，根据目标船的原相对运动趋势外延 12 min，则可得到 A_4 点。

⑨ 过 A_4 点作矢量 $A_{11}A_3$ 的平行线，得 A_4Y_1。目标船回波到达 A_4 点后，将沿着 A_4Y_1 的方向移动。

⑩ 确定重新观测时目标船的位置 A_5。通常在采取避让行动时，需要考虑本船的操纵惯性。为此，为验证本船的避让效果，待稳定于新航向后需要再测一个目标船的位置点。本例中，将 4 min 后（即 23 时 56 分）新测的目标船位置标出，记为 A_5。很显然，A_5 点不在 A_4Y_1 上。目标船在 A_4 和 A_5 之间时，因本船航向不稳定，其相对运动线应当是一条曲线。

⑪ 过 A_5 点作相对运动矢量 $A_{11}A_3$ 的平行线，得 A_5Y_2。过标绘图中心 O 作 A_5Y_2 的垂线 OP，则可得到避让后他船的 $DCPA=3.11$ n mile，$A_5P=2.5$ n mile，$A_{11}A_3=4.51$ n mile，$TCPA=A_5P/A_{11}A_3×12+4+2352=0003$。

⑫ 确定恢复原航向的时机。考虑到目标船保向保速，则本船恢复到原航向 MA_1 之后，目标船的相对运动矢量由 $A_{11}A_3$ 又回到初始的 A_1A_3。作目标船初始相对运动线 A_1A_3 的平行线 A_6Y_3 与 2.0 n mile 距离圈相切，同时交 A_5Y_2 与 A_6 点。目标船到达 A_6 点时，本船即可

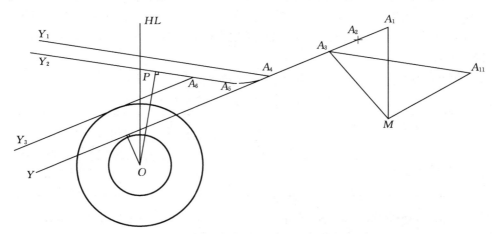

图 3-4-7　给定转向角求 $DCPA$、恢复原航向作图

恢复原航向，目标船将在 2.0 n mile 外通过。为此，本船恢复原航向的时间为 $T_6 = A_5A_6/A_{11}A_3 \times 12 + 4 + 2352 = 0000$。$A_5A_6 = 1.32$ n mile。

3. 变速避让

例 4 本船真航向（TC）341°，航速 12 kn。雷达观测目标船数据如表 3-4-4 所示。

表 3-4-4 雷达观测目标船数据

时间	真方位（TB）	距离（D）
04 时 40 分	310°	10.0 n mile
04 时 46 分	310°	8.5 n mile
04 时 52 分	310°	7.0 n mile

本船计划在目标船回波距离 6.0 n mile 时保向减速避让，安全距离设定为 2.0 n mile。求减速后的新航速（不计减速冲程）。

作图步骤（图 3-4-8）：

（1）运用北向上作图法，可以求出：$DCPA = 0$，$TCPA = 0520$；目标船 $TC = 078°$，$V = 7.5$ kn。

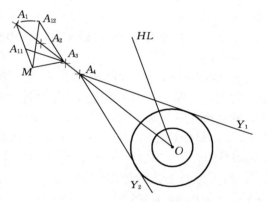

图 3-4-8 变速避让

（2）在相对运动线 A_1Y 上标出目标船距离本船 6.0 n mile 的点 A_4，即本船采取避让行动时目标船的位置。

（3）通过 A_4 点向 2.0 n mile 的距离圈可以作切线 A_4Y_1。

（4）过 A_3 点作 A_4Y_1 的平行线，与本船矢量 MA_1 相交于 A_{11} 点，则 MA_{11} 即为所求的本船真矢量。MA_{11} 长为 1.1 n mile，故新航速为：$1.1/12 \times 60 = 5.5$ kn。

注意：从 A_4 点向 2.0 n mile 距离圈作切线时可以有两条，其中只有 A_4Y_1 是对的，而 A_4Y_2 不对，因为本船减速后的效果必然是让目标船通过本船船首，而不可能是船尾。本例中若想使目标船沿着 A_4Y_2 做相对运动，只有通过本船右转到 MA_{12} 时才可以实现。

4. 停车避让

例 5 本船真航向 043°，航速 10 kn；雷达观测来船数据如表 3-4-5 所示。

表 3-4-5 雷达观测来船数据

时间	真方位（TB）	距离（D）
01 时 20 分	097°	8.0 n mile
01 时 26 分	097°	6.5 n mile
01 时 32 分	097°	5.0 n mile

为使来船从 2 n mile 以外通过，本船决定停车避让，停车冲程 D_S 为 0.9 n mile，冲时 T_S 为 10 min。求本船应开始停车的时间和停住后的 $TCPA$。

作图步骤（图 3-4-9）：

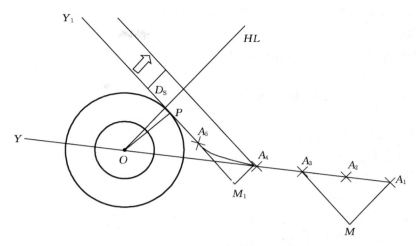

图 3-4-9　考虑冲程停车避让

（1）基本作图得：$DCPA=0$，$TCPA=0152$；来船 $TC=319°$，$V=12.0\,kn$。

（2）切 2 n mile 距离圈作来船航向的平行线，得停住后的相对运动线 PY_1。

（3）将相对运动线 PY_1 沿本船的航向向外平移本船的冲程 0.9 n mile，并与原相对运动线 A_1Y_1 交于一点，标记为 A_4，即为本船停车时他船的位置；量取 A_3A_4 的长度约 0.67 n mile，则预计停车时间为：

$$T_{A_4}=T_{A_3}+A_3A_4/A_1A_3×\Delta T=0132+0.67/3.0×12\ =\ 0134.68$$

（4）过 A_4 点作本船航向的反向平行线并截取线段 M_1A_4，令其等于本船的冲程，则 M_1 必在 PY_1 的反向延长线上。

（5）在 M_1Y_1 上截取 M_1A_5，使之等于在本船冲时（10 min）内来船的实际航程，$M_1A_5=10/60×12=2.0$ n mile，则 A_5 点即为本船停住时来船的相对位置；量取 A_5 点到最近会遇点 P 的距离为 1.3 n mile，则：

$$TCPA=TA_5+A_5P/MA_3×\Delta T=0134.68+10+1.3/2.4×12=0151$$

5. 多目标标绘

多目标标绘是以单目标标绘为基础的，但在求取安全避让措施时并不是单目标标绘的简单重复。在多船同时与本船存在碰撞危险的情况下，通常需要先确定危险性最大的目标船或重点避让船，标绘求出避让措施，然后确定出采取行动时其他目标船的位置，并且验证其他目标船的 DCPA，如果所有他船的 DCPA 均满足要求，则所求避让措施安全可行。如果仍存在碰撞危险，则需要重新求取避让措施，直到所有船舶都能在安全距离以外通过。

例 6　本船真航向 000°，航速 12 kn；用雷达观测来船数据如表 3-4-6 所示。

表 3-4-6　雷达观测来船数据

时间	A 船		B 船	
	真方位（TB）	距离（D）	真方位（TB）	距离（D）
01 时 20 分	040°	11.0 n mile	320°	12.0 n mile
01 时 26 分	040°	9.0 n mile	320°	9.5 n mile
01 时 32 分	040°	7.0 n mile	320°	7.0 n mile

本船计划在 A 船距离本船 5 n mile 时向右转向避让，为使两船都在 2 n mile 以外通过，本船应转向多少度？

（1）假设确定 A 船为重点避让船，作图步骤（图 3-4-10）：

① 作出相对运动三角形 MA_1A_3、$M_1B_1B_3$。

② 确定他船相对位置 A_4。

③ 过 A_4 点作安全 $DCPA=2$ n mile 距离圈的切线 A_4Y_{11}。

④ 过 A_3 点作 A_4Y_1 的平行线 A_3Y_{12}。

⑤ 以 M 点为圆心，以 MA_1 长度为半径画弧，交 A_3Y_{12} 得 A_{11} 点，则 MA_{11} 为本船转向避让后的运动矢量，转向角 $\Delta C=53°$。

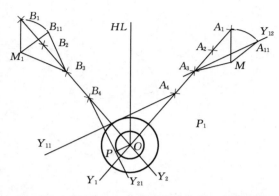

图 3-4-10　以 A 船为重点避让船的双目标标绘

⑥ 确定 A 船到达 A_4 时 B 船的相对位置 B_4：$T_{A_4}=T_{B_4}$，$B_3B_4=A_3A_4/A_1A_3\times B_1B_3=2/4\times5=2.5$ n mile。

⑦ 以 M_1 点为圆心，将矢量 MB_1 向右旋转 ΔC 至 MB_{11}，然后把两船当前矢量终点相连得 $B_{11}B_3$，这就是本船右转 ΔC 后，B 船新的相对运动矢量；过 B_4 点作 $B_{11}B_3$ 的平行线，记为 B_4Y_{21}。来船回波到达 B_4 点后将沿 B_4Y_{21} 方向向前移动。

⑧ 从本船位置点 O 作 B_4Y_{21} 的垂线，垂足为 P。OP 长度即为 B 船新的 $DCPA$，量取得 1.2 n mile。

很明显，B 船的 $DCPA$ 太小，需要重新求取避让措施，直到所有目标船都能在安全距离通过。

（2）重新确定 B 船为重点避让船，作图步骤（图 3-4-11）：

① 过 B_4 点作安全 $DCPA=2$ n mile 距离圈的切线 B_4Y_{21}。

② 过 B_3 点作 B_4Y_{21} 的平行线 B_3Y_{22}。

③ 以 M_1 点为圆心，以 M_1B_1 长度为半径画弧，交 B_3Y_{22} 得 B_{11} 点，得转向角 $\Delta C=114°$。

④ 以 M 点为圆心，将矢量 MA_1 向右旋转 ΔC 至 MA_{11}，得新的相对运动矢量 $A_{11}A_3$；过 A_4 点作 $A_{11}A_3$ 的平行线 A_4Y_{11}。

⑤ 从本船位置点 O 作 A_4Y_{11} 的垂

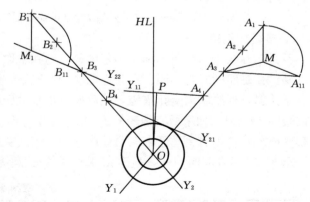

图 3-4-11　以 B 船为重点避让船的双目标标绘

线，垂足为 P，则 OP 的长度 4 n mile 即为 A 船新的 $DCPA$。

注意事项：

① 如果重点避让船确定不准确，很有可能需要更多的时间和作图工作量（图 3-4-10）。

② 图 3-4-11 中，过 B_4 点作 2.0 n mile 距离圈的切线 B_4Y_{21} 可以有两种选择，图中的

选择是切线过本船船首，另一种选择是让目标船从本船的左舷（船尾）通过。当然，本例中采取避让的时机（A 船距离本船 5 n mile 时，B 船距离本船 4.5 n mile）决定向右转向避让，已不能使他船在左舷 2 n mile 以外通过。

③ 如果重点避让船确定准确，对其他船的会遇情况可以根据其他方法估算或判断，以节省时间（见转向不变线和避碰常用估算方法部分）。

④ 对有碰撞危险的目标采取避让行动后，原先没有碰撞危险的目标船有可能会产生碰撞危险。

6. 作图特殊情况及处理

（1）转向避让。在确定 DCPA 求转向避让措施作图中，经常发生设定相对运动线与本船矢量圆不相交的情况，即求不出转向措施，此时意味着单凭本船转向不能在预计的 DCPA 通过。产生这种问题的原因主要有：

① 避让行动采取过迟，解决方法是及早采取措施。如图 3-4-12 所示，本船如果计划在目标船到达 A_5 点时采取转向避让措施，以便使目标沿 A_5Y_1 通过，过 A_3 作 A_5Y_1 平行线与本船矢量圆没有交点，求不出转向措施；如果提前到 A_4 点时采取行动，则可以得到转向措施。

② 目标船航速较快，我船不能在其船头通过，解决办法是我船通过目标船尾，让其通过我船船头。如图 3-4-13 所示，本船计划 A_4 点采取措施以使目标船沿 A_4Y_1 通过，过 A_3 作 A_4Y_1 平行线与本船矢量圆没有交点，求不出转向措施；过 A_4 点作 2 n mile 圆切线与本船船首线相交（让他船通过本船船首），过 A_3 作 A_4Y_2 平行线与本船矢量圆有交点，则可以得到转向措施。

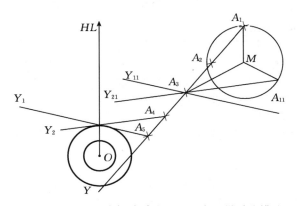

图 3-4-12　避让行动采取过迟，应及早采取措施

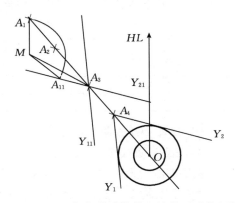

图 3-4-13　目标船航速较快，让其通过我船船头

（2）变速避让。在确定 DCPA 求变速避让措施作图中，经常发生设定相对运动线与本船矢量线不相交的情况，即求不出变速措施，此时意味着单凭本船变速不能在预计的 DCPA 通过。产生这种问题的原因主要有：

① 避让行动采取过迟，解决方法是及早采取措施（图 3-4-14）。

② 他船航速较快，或相对航向线舷角较小，单凭减速措施不能使他船在设定 DCPA 驶过，解决办法是结合转向措施避让（图 3-4-15）。

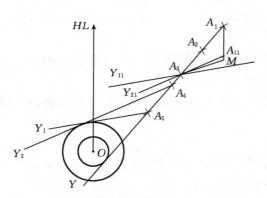

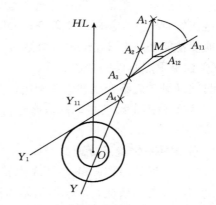

| 图 3-4-14 | 变速避让行动采取过迟，应及早
采取措施 | 图 3-4-15 | 单凭减速不能达到设定 DCPA，
应结合转向措施 |

三、真运动作图法

真运动作图是根据会遇的两船在同一时间段内相对于地球坐标系的船位（真船位）或者根据其中一船的真船位以及通过该船所观测到的另一船的方位和距离进行标绘，以求出运动要素、预计或分析避让措施等。可以在海图、舰操绘算图或者空白纸上进行作图。

在真运动作图中，船位不是固定的，而是沿着航向按实际航程标出。另一船相对于该船的位置或其实际船位也要按照同一比例尺画出。真运动作图是以第三者的视角俯视整个局面，比较直观。因此，这种作图法常用于碰撞事故的分析。

例 7 本船真航向（TC）020°，航速 10 kn。雷达观测来船资料如表 3-4-7 所示。

表 3-4-7 雷达观测来船资料

时间	真方位（TB）	距离（D）
10 时 00 分	060°	9.5 n mile
10 时 06 分	059.5°	8.0 n mile
10 时 12 分	059°	6.5 n mile

用真运动作图法求来船的航向、航速以及两船会遇的 $DCPA$ 和 $TCPA$。

（一）作图步骤（图 3-4-16）

1. 在绘图纸上画出本船的船位和航向线

在绘图纸上画出本船的船位 O_1，按照本船的真航向 020° 从 O_1 点作出一条射线。设定长度比例尺，依据本船航速标出两段观测时间间隔内的航程，得到本船相应的位置点 O_2 和 O_3。因为每次观测时间间隔为 6 min，故 $O_1O_2 = O_2O_3 = 1.0$ n mile。

2. 求来船的航向和航速

按照本船在 O_1、O_2 和 O_3 点所观测的来船方位和距离，画出在同一时刻来船的相应

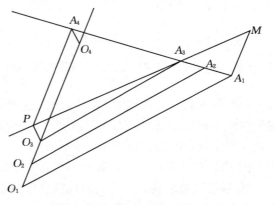

图 3-4-16 真运动作图法

位置点 A_1、A_2 和 A_3。以 A_1 为始点向 A_2、A_3 方向作一条射线。该射线即为来船的航向线，其方向为 $287°$，即来船的航向。量来船 12 min 的航程 A_1A_3 为 2.1 n mile，因此，来船的航速为 10.5 kn。

3. 判断两船会遇情况

（1）过 A_1 点作 O_1O_3 的平行线，并在其上按照 O_1O_3 的方向截取 A_1M，使 $A_1M = O_1O_3$。连接并且延长 MA_3，MA_3 实质上就是来船的相对运动线。过 O_3 点作 MA_3 延长线的垂线，垂足为 P，P 点即为最近会遇点，量取 O_3P 的长度为 0.72 n mile，即 $DCPA = 0.72$ n mile。

（2）过 P 点作 O_1O_3 的平行线交 A_1A_3 的延长线于 A_4 点，再过 A_4 点作 O_3P 的平行线交 O_1O_3 的延长线于 O_4 点，则 O_4 和 A_4 分别表示本船和来船相距最近时的位置点。两船到达该两点的时刻即为 TCPA。根据 O_3O_4 或 A_3A_4 的距离及来船各自的航速，即可求出 TCPA。本例中，$O_3O_4 = 4.3$ n mile，$TCPA = 1038$。

（二）作图注意事项

1. 真运动作图法应选用带有方位刻度和比例尺的图纸，用以提高作图的准确性。
2. 标绘时应注意方向和距离的准确性。
3. 若标绘出他船三个船位点不在一条直线上，应进行适当的误差校正。

在判定碰撞危险时，真运动作图实质上仍然是利用了相对运动作图的基本原理。真运动作图法适用于船舶碰撞之后进行海事分析而绘制的"事故经过图"，但不适用于使用雷达协助避碰。

第五节　转向不变线及避让效果分析

一、转向不变线及其应用

（一）转向不变线定义与相对运动规律

1. 转向不变线定义

在判定来船与本船存在碰撞危险时，本船需要采取避碰行动增大与来船的 DCPA。通常情况下，本船通过转向可以改变来船的相对运动线的方向，从而改变其 DCPA 值。但是，如图 3-5-1 所示，本船向右转向 ΔC 后，A 船新的相对运动矢量 $A_{11}A_3$ 仍在原来的相对运动线 XY 上。也就是说，本船向右转向 ΔC 后，来船的相对运动线的方向并没有改变。图 3-5-1 中相对运动线 XY 即为对应于转向角 ΔC 的转向不变线。

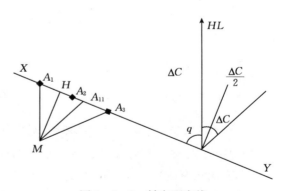

图 3-5-1　转向不变线

为此，"转向不变线"可定义为：每当确定一个转向角 ΔC 时，便可相应地定出一条与该转向角 ΔC 的平分线（MH）相垂直的直线（XY）。若来船在该直线或其平行线上做相对运动时，则本船转向 ΔC 后，来船将仍在该直线或其平行线上做相对运动。即本船转向后，来船相对运动方向不变，DCPA 也不变。

由图 3-5-1 可知，本船向右转向 ΔC 后，本船真矢量由 MA_1 变为 MA_{11}，因为航速未改变，所以线段 MA_1 与 MA_{11} 长度相等，三角形 MA_1A_{11} 为等腰三角形，其顶角（即转向角 ΔC）的角平分线与底边（转向不变线）垂直，由此可得转向不变线与转向角的关系为：

$$q = \frac{\Delta C}{2} \pm 90° \qquad (3-4-2)$$

进一步分析可知，转向不变线存在以下规律：

（1）任意给定转向角，转向不变线一定存在。

（2）转向不变线存在的范围为：转向一舷正横后和转向相反一舷正横前。以本船向右转向为例：转向 180°以内时，对应的转向不变线的范围为：290°～000°至 090°～180°。

（3）对于右正横前的来船，本船向右转向一定不会使来船处于转向不变线上。同理，对于左正横前的来船，本船向左转向一定不会使来船处于转向不变线上（当然，需要遵守《规则》关于左转的相关规定）。对于正横后的来船，本船背着来船转向则一定不会使来船处于转向不变线上。

2. 转向不变线上的船舶相对运动规律

目标船如果刚好在转向不变线上做相对运动时，根据船速比 K 的不同有以下规律（图 3-5-2）：

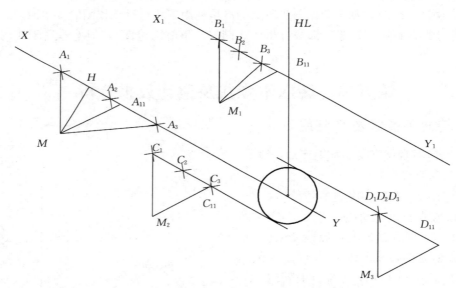

图 3-5-2　船舶在转向不变线上的相对运动规律

（1）$K<1$ 时，来船为 A 船，本船向右转向 ΔC 后，A_{11} 和 A_1 仍在 A_3 的同一侧，A 船相对运动方向没有改变，$DCPA$ 不变，避让没有效果（不过，因为相对航速减小为 $A_{11}A_3$，实际上 $TCPA$ 是增大的）。

（2）$K>1$ 时，来船为 B 船，本船转向 ΔC 后，来船相对运动方向由 B_1A_3 变成了 $B_{11}B_3$，方向变化 180°。因此，对于逼近本船的目标，本船转向后则会远离本船；而对于远去（无碰撞危险）的目标，本船转向后则会逼近本船（可能构成碰撞危险）。

（3）$K=1$ 时（两船同速），有两种情况：

① $v_r \neq 0$ 时，来船为 C 船，与本船同速不同向，本船转向 ΔC 后，$v_r=0$，来船变成与

本船同向同速船；对于有碰撞危险的来船，碰撞危险消失。

② $v_r=0$ 时，来船为 D 船，与本船同速同向，本船转向后，$v_r\neq0$，来船变成与本船同速不同向，其相对运动线的方向与本船转向方向相反。因此，位于转向 ΔC 后，位于转向一侧的来船会越来越近，而另一侧（转向相反一侧）的来船则会越来越远。

应当注意，同时变向变速后，也可能会出现目标船相对运动线方向不变的情况。如在图 3-5-2 中，本船若对 A 船向右转向 $\angle A_1MH$，并且将航速降到 **MH** 时，则目标船新的相对运动矢量 **HA₃** 与初始的 **A₁A₃** 方向相比没有变化。因此，在实践中务必要注意变向和变速的效果可能相互抵消的情况。

（二）转向不变线的应用

1. 判断来船相对运动线变化方向

在通常情况下，本船（保速）转向后，来船（保向保速）只要不在转向不变线（或其平行线）上做相对运动，则来船的相对运动线必然发生变化：

① 来船（相对航向线舷角）位于转向不变线上侧（本船航向线所在的一侧）时，如图 3-5-3 中 A 船，其相对运动趋势为从转向不变线的上侧驶向下侧，本船向右转向后，来船相对运动矢量 **A₁A₃** 变为 **A₁₁A₃**，相对运动线为顺时针转（或称右转）。

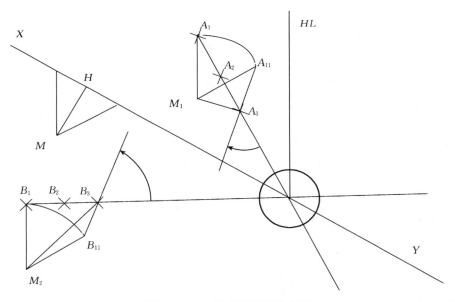

图 3-5-3 转向不变线的应用

② 来船（相对航向线舷角）位于转向不变线下侧（本船航向线所在的相反一侧），如图 3-5-3 中 B 船，其相对运动趋势为从转向不变线的下侧驶向上侧，本船向右转向后，来船相对运动矢量 **B₁B₃** 变为 **B₁₁B₃**，相对运动线为逆时针转（或称左转）。

本船向左转向后，与向右转向相对称：位于转向不变线上侧的来船其相对运动线为逆时针转（或称左转）；位于转向不变线下侧的来船其相对运动线为顺时针转（或称右转）。

2. 检查或预估转向角

在航海实践中，常常存在根据经验或其他估算方法采取避碰措施的情况，在转向避让时，转向不变线的存在是必须要考虑的问题。

（1）对于存在碰撞危险的来船，本船转向时应当避免使来船处于转向不变线上。

（2）对于有一定 $DCPA$ 的来船，欲使其 $DCPA$ 增大，根据转向不变线规律可预估出转向角。

（3）对于不存在碰撞危险的来船，转向使其处于转向不变线上反而是安全的，或使其 $DCPA$ 增大也是安全的。

例 8 若来船以不变的相对方位 320° 逐渐接近本船，本船欲右转使他船在本船船尾通过，则转向角应：

A. 小于 100°　　　　B. 大于 100°　　　　C. 等于 100°　　　　D. 等于 90°

解析：由题干可知，来船的初始 $DCPA$ 为 0，本船拟右转后来船通过本船船尾，也就是说希望来船相对运动线做顺时针方向的改变，则应当把来船放在转向不变线的上侧，应有：$-40° > \Delta C/2 - 90°$，即 $\Delta C < 100°$，正确答案为 A。

二、避让效果分析

（一）避让效果分析

1. 本船转向避让效果

（1）越早（在远距离）采取措施，避让效果越好。

（2）船速比 K 越小，相对航向线变化角越小，避让效果越差。

（3）转向避让时，在相同转向幅度（在较小范围内成立）条件下，原相对运动速度较慢的来船航向线变化角 α 较大，避让效果较好，原相对运动速度较快的来船航向线变化角 α 较小，避让效果较差。

（4）转向避让时，在相同转向幅度（在较小范围内成立）条件下，首尾方向附近来船，相对航向线变化角 α 较大，避让效果较好，正横附近来船相对航向线变化角 α 较小，避让效果较差。

（5）转向避让时，转向角并不是越大越好。

当船速比 $K < 1$ 时：转向幅度接近对应转向不变线的转向角 ΔC 时，相对航向线变化角 α 逐渐减小；转向幅度等于对应转向不变线的转向角 ΔC 时，相对航向线变化角 α 为零，即相对航向不变；转向幅度超过对应转向不变线的转向角 ΔC 时，相对航向线变化角 α 逐渐增大，但方向相反。

2. 本船变速避让效果

（1）越早（在远距离）采取措施，避让效果越好。

（2）首尾方向附近来船，用变速避让效果较差，正横附近来船用变速避让效果较好。

3. 本船同时转向和变速

（1）本船向右转向后，新相对运动线与本船船首线相交，即他船将从本船船首通过，如配合减速，$DCPA$ 明显增大（效果好）。

（2）本船向右转向后，新相对运动线不与本船船首线相交，即他船将从本船船尾通过，应配合增速，$DCPA$ 明显增大（效果好）。

（二）本船与他船同时采取措施

本船与他船相互间相对航向线的变化存在如下关系：两船相对航向线变化角 α 相等，变化方向相同；两船 $DCPA$ 相等；两船相对航向线方向相反。

1. 两船同时采取转向措施

两船同时采取转向措施时，根据两船相对位置关系以及转向方向和幅度不同，避让效果可能相互协调，也可能相互冲突。

基本规律：两船各自转向使另一船的相对运动线向相同方向变化时，转向避让效果好。

2. 两船同时采取变速措施

两船同时采取变速措施时，一船增速一船减速避让效果好（当两船航向不相同或相反时）。

3. 本船转向他船变速

本船转向他船变速时，当他船通过本船船首时，他船应配合以减速；当他船通过本船船尾时，应配合以增速。

同理，他船转向使本船通过他船船首时（他船通过本船船尾），本船应配合以加速；他船转向使本船通过他船船尾时（他船通过本船船首），本船应配合以减速。

如果一船转向后使两船航向相同或相反时，另一船同时采取变速措施只会改变 $TCPA$，而不会改变 $DCPA$。

4. 两船同时转向并变速

两船同时转向并变速时，随两船相对位置关系、转向方向和幅度、加速或减速不同，情况比较复杂。

协调行动的基本原则：两船各自采取行动应使另一船的相对运动线向相同方向变化。

（三）避让目标分析

1. 重点避让目标的确定

通常使用 12 n mile 距离挡，10～8 n mile 为发现目标阶段，8～6 n mile 为观测标绘阶段，6～4 n mile 为避让阶段，4～3 n mile 内仍不采取措施则紧迫局面正在形成。

（1）确定重点避让目标的原则。一般情况下，确定重点避让目标的原则是，针对该目标采取的避让措施，不应该导致其形成紧迫局面，并使所有目标（非重点）都能在安全的距离驶过。

（2）转向避让时重点船的确定。对本船转向效果影响较大的因素通常有：采取行动时目标船的距离、方位、船速比相对运动速度等。在其他因素相同或接近、单独考虑某一因素时，确定重点避让目标的原则是：

① 近距离来船。

② 速度快或相对速度快的来船。

③ 接近正横的来船。

④ 需要相对航向线舷角（或 $DCPA$）变化较大的来船。

⑤ 应注意转向不变线使不同方位的来船相对运动变化方向不一致。

（3）变速避让时重点船的确定。变速避让时重点船的确定原则与转向避让时相似，在其他因素相同或接近，单独考虑某一因素时，确定重点避让目标的原则：

① 近距离来船。

② 速度快或相对速度快的来船。

③ 需要相对航向线舷角（或 $DCPA$）变化较大的来船。

④ 与转向不同的是，接近首尾方向的来船，用变速避让效果较差，需要重点避让。

（4）上述因素是同时存在的，有时相互矛盾，确定重点避让船需要根据具体情况权衡。

2. 避让措施的确定

（1）根据确定重点避让目标的原则和实施情况，结合相对航向线的变化规律，做综合分析，确定出有效避让措施。

（2）对相对航向线 $q \leqslant 30°$ 的来船，应以转向避让为主；对相对航向线 q 较大的来船，可考虑采取减速措施，但应考虑到冲程的影响；对正横附近的来船，采取减速措施的效果较好。

（3）通常应保持 $DCPA = 1 \sim 2$ n mile 通过，采取避让措施应使避让效果显著，来船容易明确本船的意图。

第六节　雷达避碰常用估算方法

一、雷达避碰转向示意图

英国航海学会于 1970 年成立了一个工作组，讨论修改《规则》，该工作组运用雷达标绘方法和数学方法研究雷达避碰问题，并且根据《规则》第十九条第 4 款的规定和良好船艺的要求，考虑到船舶之间的协调，绘制了雷达避碰转向示意图，推荐给广大航海人员使用。该图长期以来在国际航海界颇有影响，可以认为是对《规则》第十九条第 4 款关于转向避碰要求的一个补充。

（一）使用方法（图 3-6-1）

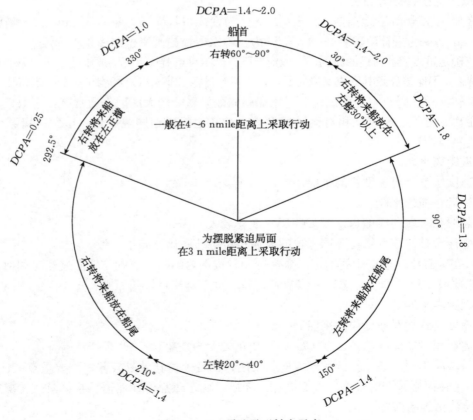

图 3-6-1　雷达避碰转向示意
（吴兆麟和赵月林，2014）

1. 对左舷 30°到右舷 30°之间（330°～030°）的来船，向右转向 60°～90°。

（1）对左舷来船可转向 60°，对右舷来船可转向 90°。

（2）相距较远时转向 60°，相距较近时转向 90°，这样可增大 DCPA。

（3）来船速度比本船快时可转向 90°，比本船慢时可转向 60°。

2. 对右舷 30°～90°之间的来船，向右转向直到来船处于左舷 30°以上，对于接近正横的来船，在相距较近时，例如 2 n mile 左右，则应把船停住。

3. 对于 330°～292.5°之间的来船，向右转向直到来船处于左舷正横。

（1）对于偏近 330°方位的来船，最近距离较大，或对偏近 292.5°方位的来船，最近距离偏小时，要么把船停住让来船通过，要么在转向的同时增加船速提早越过来船。

（2）本船处于来船右舷，来船很有可能向右转向，因此切勿向左转向，以免交叉相碰。

4. 对于 292.5°～210°之间的来船，向右转向直到来船处于本船船尾。

（1）本船如处于来船的右首舷，来船很有可能向右转向 60°～90°，就避让效果来说，彼此是分离的。

（2）如本船向左转向就是横越来船，或与来船右转冲突而相碰，切勿向左转向。

（3）对正横以前的来船亦可采取将船停住让来船超过。

5. 对于 210°～150°之间的追越船，向左转向 20°～40°。

（1）转向 40°比转向 20°效果好。

（2）对于处于右尾舷的来船，除来船左转过本船尾的情况外，本船向左转向是有利于增大最近距离的。

（3）对于处于左尾舷的来船，很可能右转过本船尾。

（4）对于在此尾舷角内的来船减速，对增大最近距离的效果不大。

6. 对于 150°～090°之间的来船，向左转向直到来船处于本船船尾。

（1）本船处于来船的左舷角上，来船可能向右转向 60°～90°。但要提防来船向左转向过本船尾的可能性，即便如此，因为几乎同向航行，所以有足够余地进行观测和避让。

（2）尾舷角小的减速效果不如尾舷角大的显著。

（二）使用条件和局限性

1. 雷达避碰转向示意图是根据目标船相对运动线的方向来确定转向避让措施的。

2. 雷达避碰转向示意图不具有强制性，与《规则》要求也并不完全一致。

3. 按照雷达避碰转向示意图推荐的避让方法并不能对所有方位的来船得到相同的 DCPA。在来船 DCPA 为 0 时，按照雷达避碰转向示意图中要求的距离采取避碰行动可以得到的 DCPA 为：船首，1.4～2.0 n mile；右舷 30°，1.4～2.0 n mile；右正横，1.8 n mile；150°，1.4 n mile；210°，1.4 n mile；292.5°，0.25 n mile；330°，1.0 n mile。

4. 雷达避碰转向示意图可供驾驶员在能见度不良时参考使用。

5. 雷达避碰转向示意图只适用于开阔水域。

6. 只适用于避让一船。

7. 雷达避碰转向示意图适用于船速比 $K \geqslant 1/2$ 时。当 $K < 1/2$ 时，应注意达不到预期 DCPA。

二、DCPA 估算方法

（一）方位距离变化 DCPA 估算方法

当来船与本船的 DCPA 不为 0 时，其回波方位随距离的变化率大小除了与来船 DCPA 有关外，还与来船与本船的距离大小有关。DCPA 一定时，随着距离的减小，来船回波的方位变化率将逐渐增大。

如图 3 - 6 - 2 所示，设本船位于 O 点，AC 线为来船的相对运动线。当来船从距本船距离为 D_1 处减至 D_2 处时，来船的方位变化了 ΔA，此时，两船的 $DCPA = d$，则有：

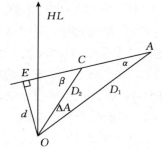

图 3 - 6 - 2 方位距离变化计算 DCPA

$$\Delta A = \arcsin \frac{d}{D_2} - \arcsin \frac{d}{D_1} \quad (3 - 6 - 1)$$

很明显，根据来船的两次观测距离 D_1 和 D_2 以及方位变化量 ΔA，可以解算出来船的 DCPA 值。根据该式可以列出方位变化与距离变化的关系（表 3 - 6 - 1）。船舶驾驶人员可以通过观测目标船在特定的接近距离内其方位的变化情况，直接采用该表估算出目标的具体 DCPA 值。

表 3 - 6 - 1 方位变化与距离变化关系

DCPA	D										
	12~11	11~10	10~9	9~8	8~7	7~6	6~5	5~4	4~3	3~2	2~1
0.25	0.1	0.1	0.2	0.2	0.3	0.3	0.5	0.7	1.2	2.4	7.3
0.50	0.2	0.3	0.3	0.4	0.5	0.7	0.9	1.5	2.4	4.9	15.5
0.75	0.3	0.4	0.5	0.6	0.8	1.0	1.4	2.2	3.7	7.5	26.6
1.00	0.4	0.6	0.7	0.9	1.0	1.4	1.9	3.0	5.0	10.5	60.0
1.50	0.6	0.8	1.0	1.2	1.5	2.1	3.0	4.5	8.0	18.5	
2.00	0.8	1.0	1.3	1.6	2.1	2.9	4.1	6.4	11.0	48.2	
2.50	1.1	1.4	1.7	2.0	2.7	3.7	5.4	8.7	17.7		

1. 方位距离方法查表估算 DCPA

（1）已知连续两次观测目标的方位变化量，则可在表中先确定相应的距离变化列，再根据该列下面的方位变化量所在的行，在最左侧一列中查取 DCPA 值。

（2）如果连续三次观测到方位变化量时，也可以将两次查到的 DCPA 值取平均值以平滑观测误差。

（3）如果两次观测的目标船距离变化量不是 1 n mile，而是大于 1 的整数时，可以将表中距离变化量所对应列中方位变化量相加，找出与观测方位变化量相等（或相近）的行，即可得到所对应的 DCPA。

典型的数据：

来船回波距离变化从 10 n mile 到 9 n mile，$\Delta A = 1°$时，$DCPA = 1.5$ n mile。

来船回波距离变化从 8 n mile 到 7 n mile，$\Delta A = 1°$时，$DCPA = 1$ n mile。

来船回波距离变化从 6 n mile 到 3 n mile，$\triangle A=10°$时，$DCPA=1$ n mile。

2. 方位变化与距离变化关系的应用

来船回波方位随距离的变化率大小不仅与来船 $DCPA$ 有关，还与来船与本船的距离大小有关。$DCPA$ 一定的情况下（不为 0），随距离的减小，其方位变化率逐渐增大；在相同的方位变化率下，近距离目标的 $DCPA$ 要比远距离目标的 $DCPA$ 小得多。为此，在运用雷达协助避碰的过程中，应当注意以下几点：

（1）判断碰撞危险时，远距离的方位观测误差会导致很大的 $DCPA$ 观测误差，可以根据观测误差（与天气海况、雷达方位分辨率、罗经精度、观测精度等因素有关）查表求出 $DCPA$ 观测误差。

（2）即使来船方位有明显变化，有时也可能存在碰撞危险，尤其是在距离较近时。

（3）近距离避让来船时，应充分注意到即使避让措施使来船的方位变化较快，并不意味着能够得到安全的 $DCPA$。

（4）在较远的距离避让来船时，除了要确保采取的措施能使来船在安全的 $DCPA$ 通过以外，还应考虑来船距离和 $DCPA$ 决定的方位变化率（来船观测本船）是否容易察觉。可根据 $DCPA$ 查得来船在某距离上的方位变化率，并且判断其是否容易察觉（与天气海况、雷达方位分辨率等因素有关）。

（二）转向避让 $DCPA$ 估算方法

1. $K=1$，$D=4$ n mile，转向避让 $DCPA$ 估算方法

在船速比 $K=1$、目标船初始 $DCPA$ 为 0 时，假定目标船保向保速，则可以根据本船的转向角 $\triangle C$ 来估算本船转向后，目标船的 $DCPA$ 值（图 3-6-3），容易知道：

$$\sin\alpha=\frac{DCPA}{D}$$

所以，$DCPA=D\cdot\sin\alpha$

因为 MA_1、MA_3 和 MA_{11} 长度相等，那么有 A_1、A_{11} 和 A_3 三点共圆，且 M 点为圆心。

又因为同弧对应的圆心角是圆周角的 2 倍，所以：

$$\alpha=\frac{\triangle C}{2}$$

$$DCPA=D\cdot\sin\frac{\triangle C}{2}$$

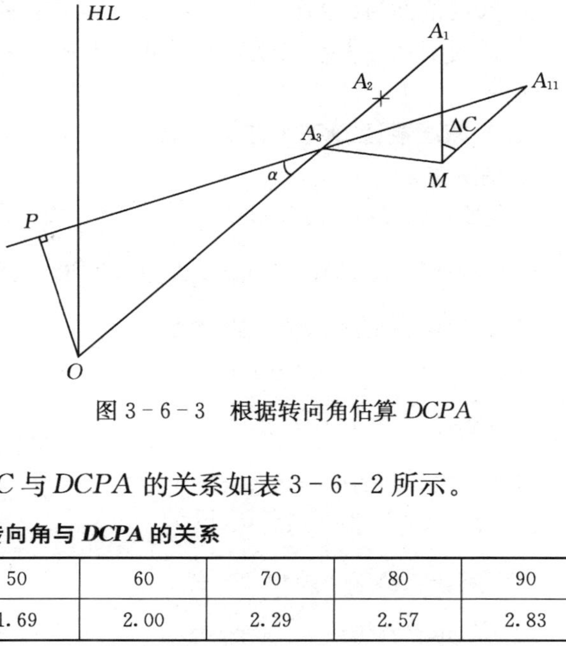

图 3-6-3　根据转向角估算 $DCPA$

（1）估算方法。在船速比 $K=1$，来船距离 $D=4$ n mile 时转向避让，转向角 $\triangle C$ 与 $DCPA$ 的关系如表 3-6-2 所示。

表 3-6-2　转向角与 $DCPA$ 的关系

$\triangle C$（°）	30	40	50	60	70	80	90
$DCPA$（n mile）	1.03	1.36	1.69	2.00	2.29	2.57	2.83

为了便于记忆，可以近似为：转向 30°，$DCPA$ 变化约为 1 n mile；$\triangle C$ 每增加 10°，$DCPA$ 增加约 0.3 n mile；转向 60°，$DCPA$ 约为 2 n mile。

（2）使用条件和局限性。

① 限定条件为：船速比 $K=1$，来船距离 $D=4$ n mile 时采取转向避让行动并稳定于新航向。

② 局限性：在转向角 ΔC 逐渐增大时，对应转向不变线方位逐渐接近来船相对航向线舷角时，DCPA 反而会逐渐减小。

2. 来船舷角 θ 在 $-5°\sim112.5°$ 之间的转向避让 DCPA 估算方法

（1）估算方法。

① θ 在 $-5°\sim65°$ 之间的来船。

$$DCPA=\begin{cases} \dfrac{\Delta C}{120}\cdot D & K=1 \\[2mm] \dfrac{\Delta C}{160}\cdot D & K=\dfrac{2}{3} \\[2mm] \dfrac{\Delta C}{200}\cdot D & K=\dfrac{1}{2} \end{cases}$$

② θ 在 $65°\sim112.5°$ 之间的来船。

$$DCPA=\begin{cases} \dfrac{\Delta C-\theta+65}{120}\cdot D & K=1 \\[2mm] \dfrac{\Delta C-\theta+65}{160}\cdot D & K=\dfrac{2}{3} \\[2mm] \dfrac{\Delta C-\theta+65}{200}\cdot D & K=\dfrac{1}{2} \end{cases}$$

（2）使用条件和局限性。

① 限定条件为：θ 在 $-5°\sim112.5°$ 之间的来船，向右转向避让。

② 适用于互见中，在能见度不良（不在互见中）时，应注意避免朝着正横及正横后的来船转向。

（三）减速避让 DCPA 估算方法

1. 估算方法

（1）$K=1$，$D=4$ n mile。

停车避让：$DCPA_S=0.6\times\dfrac{\theta}{10}$，$\theta\leqslant50°$ 时，误差较小。

减速一半：$DCPA=0.4DCPA_S$。

（2）$K=2/3$，$D=4$ n mile。

停车避让：$DCPA_S=0.4\times\dfrac{\theta}{10}$。

减速一半：$DCPA=0.5DCPA_S$。

（3）$K=1/2$，$D=4$ n mile。

停车避让：$DCPA_S=0.3\times\dfrac{\theta}{10}$。

减速一半：$DCPA=0.5DCPA_S$。

2. 使用条件和局限性

（1）此估算方法仅适用于减速一半或停车避让。

（2）此估算方法误差较大。

实验一　船舶信号

一、实验目的

1. 掌握船舶号灯、号型的显示要求，并且能够通过号灯与号型熟练辨认船舶的种类、动态、大小和工作性质等属性。

2. 熟悉《国际信号规则》的内容，掌握运用《国际信号规则》编码与译码的方法。

二、实验内容

1. 根据《国际海上避碰规则》规定，观察船舶号灯、号型图片，熟练辨认船舶的种类、动态、大小和工作性质等属性。

2. 熟悉《国际信号规则》的内容，运用《国际信号规则》编码与译码的方法。

三、实验前的准备

学生在训练前应充分学习《1972年国际海上避碰规则》中"号灯号型"部分的有关规定，熟悉船舶号灯、号型的显示要求。同时，还应预习《国际信号规则》的主要内容，熟悉《国际信号规则》的运用方法。

四、实验过程

1. 演示船舶号灯、号型图片，仔细辨认各种船舶在各种动态情况下显示的号灯和号型，认真区分船舶的种类、动态、大小和工作性质等属性。

2. 熟悉《国际信号规则》的内容，包括正文、信号码、附录部分主要内容，根据目录重点熟悉信号码部分的内容编排，运用《国际信号规则》进行信文编码与译码。

五、注意事项

1. 需要注意船舶的各种号灯的法定能见距离大小不一，而且不同尺度的船舶其号灯的能见距离也不相同。

2. 特别注意如仅看到一盏白灯就有多种可能性，而且还要注意同一组号灯也可能有多种情况，必须仔细加以区分。

六、实验报告内容

1. 根据演示的船舶号灯、号型图片，写出船舶的种类、动态、大小和工作性质等属性。

2. 译码

(1) CS	(2) QX1	(3) UN	(4) SQ3	(5) NE1
(6) QN	(7) ED	(8) CB4	(9) UC	(10) PP2
(11) UT	(12) RY	(13) GC2	(14) AN1	(15) OB6
(16) CU1	(17) MBC	(18) MFE	(19) MQC	(20) MVP

3. 编码

(1) 这航道的情况怎么样?

(2) 我有紧急情况,迫切请求允许进港。

(3) 你应更换锚地,此处不安全。

(4) 沿岸有布雷区,你不要靠得太近。

(5) 你在碰撞中受到什么损坏吗?

(6) 我需要一名潜水员清理螺旋桨。

(7) 我正在漂流。

(8) 你应说得更慢一些。

(9) 你能引导我进港吗?

(10) 你应抛锚,等候拖轮。

(11) 你的航行灯看不见。

(12) 风浪太大,引航船不能开到你处去。

(13) 你应挂出你的识别号。

(14) 你从哪里来?

(15) 我谢谢你的合作,祝你航行愉快。

(16) 在航道上有一个海图上未标明的障碍物,你应谨慎驾驶。

(17) 治疗无效。

(18) 病人失去知觉。

(19) 保持病人镇静。

(20) 病人半昏迷,但尚能唤醒。

实验二　雷达标绘基本训练

一、实验目的

1. 掌握雷达相对运动的基本原理。

2. 掌握相对运动人工标绘的基本方法。

3. 正确、迅速地求出目标船的运动要素,判断目标是否存在碰撞危险。

4. 正确分析目标的态势。

二、实验内容

1. 练习模拟器本船车、舵控制设备及雷达的正确操作方法。

2. 运用雷达实际观测目标船数据,在雷达运动图上标绘出目标船的运动要素,判断目标船与本船是否存在碰撞危险,分析目标船的态势。

三、实验前的准备

学生在训练前应掌握相对运动的原理,并且初步了解各种不同会遇局面中目标船相对于本船的运动规律。同时,还应预习关于雷达相对运动观测训练方面的要求与内容。

四、实验过程

1. 按正确的开机步骤开启雷达，并使用各种按钮调整得到最佳雷达图像。

2. 由教师讲解和示范，然后学生针对每一讲解和示范内容独立操作，对 12 n mile 的目标进行观测和标绘，分析态势，每次做完一个练习可以到教练台进行核实。

3. 雷达相对运动的分析与判断。将雷达设置于相对运动北向上（稳定显示）的显示方式，同过观察雷达屏幕上目标回波方位与距离的变化，对预编模拟练习中涉及的不同会遇状态和动态的目标船进行分析和判断。它们包括：

（1）同向同速目标船。

（2）固定目标。

（3）对驶的目标船。

（4）交叉接近的目标船。

（5）正在追越本船的目标船。

（6）正被本船追越的目标船。

在观测和分析这些目标船时，应认真根据在雷达屏幕上所得到的各种信息，根据已学到的相对运动的原理与知识，注意分辨各种不同会遇状态及动态情况下的特点，以全面了解和掌握正确判断各类不同航向与航速船舶与本船间的相互关系的方法。在具体分析目标船的会遇状态和动态时，应全面注意目标船回波的移动方向与速度。

五、注意事项

1. 进行雷达标绘时，将雷达的显示方式置于北向上或航向向上的稳定显示的方式，因为采用不稳定显示方式时，船舶的避让转向将引起雷达图像上的目标模糊移动，从而难以直接通过比较目标原有与转向后的相对运动线的变化来查核避让的效果和及时发现目标的动态。

2. 在目标回波点时用细小的原点标出的办法，因为在用直线连接各标出的回波点时，如该线较粗则可将标出的点覆盖，从而难以分辨出该点的原有位置。在采用打"×"标点的办法时，应保持该符号的交叉处为目标点的中心位置。标绘笔的笔尖应适中，太细易断，而太粗则易使标图不清晰和产生误差。

3. 在进行标绘的过程中，时间间隔的选取可根据目标与本船的距离与危险程度而取 3 min 或 6 min，因为采用这些时间间隔便于换算，如 6 min 刚好是 1/10 h。在采用 6 min 为间隔时，亦可在 3 min 时将目标点加以标出作为辅助观测点，以提高作图的精度和便于观测目标的动态。

4. 在正确调整和设置雷达显示方式的基础上，必须熟悉和掌握雷达在首向上不稳定显示和北向上稳定显示时相对运动的方式及其特点，并能在模拟练习中正确理解和解释不同相遇格局中目标船与本船间的相对运动关系与特点。

六、实验报告内容

1. 如何准确读取观测数据？

2. 怎样区分目标的态势（静止、同向同速、对驶、追越等）？

实验三　单目标避让训练

一、实验目的

1. 掌握对单个目标进行全过程实时标绘和避让的方法，主要包括：求取目标的运动要素（航向、航速、DCPA 和 TCPA），掌握分析和判断危险目标的方法，作图求取对危险目标进行避让的措施，求取本船恢复原航向或原航速的时机。

2. 观测和掌握本船转向后他船相对运动线的变化规律。

3. 分析比较本船与他船间船速比与相互距离对避让措施的影响。

二、实验内容

1. 继续通过对雷达目标相对运动的观测、判断与分析，进一步理解和掌握雷达首向上和北向上相对运动显示的特点。

2. 对来自本船右舷、左舷和前方相互航向呈交叉或对驶状态的单目标船分别进行实时标绘，做到：

（1）熟悉雷达人工标绘的基本原理。

（2）标出相对运动线，求取来船与本船间相对运动的速度与方向和来船的 DCPA 和 TCPA。

（3）标出来船与本船的相对运动三角形，求取来船的航向与航速。

（4）通过观测来船相对运动线的变化判断碰撞危险。

（5）通过进一步的作图求得对危险目标在特定的距离或时机进行安全避让的措施（包括转向、变速或转向加变速），并认真观测本船采取行动后来船相对运动线的变化情况。

3. 求取本船恢复原航向或原航速的时机。

三、实验前的准备

学生接受训练前应基本掌握在标绘纸上进行雷达相对运动标绘的方法，并做过一定的单目标雷达相对运动标绘的习题。同时，应预习本教材关于单目标标绘训练的要求与内容。

四、实验过程

1. 根据雷达操作方法与步骤，正确开启本船内的雷达，并将雷达置于北向上相对运动的显示方式。

2. 通过学生在雷达标绘纸上对右舷单个目标逐次进行实时标绘，得到目标船的相对运动线，计算出本船与来船间相对运动的速度与方向和来船 DCPA 和 TCPA。具体方法和步骤包括：

（1）在标绘纸上以一定的时间间隔标出目标回波所在的相应点，通过连接连续三次或以上的标绘点，并将该线向雷达中心方向延长而得到目标船的相对运动线，从而求得目标与本船的相对航向与速度，以及 DCPA 和 TCPA。

（2）由标绘的始点做出观测时间内本船相反航向的航程，与最后标绘点相连，标出目标船的矢量三角形，再求得目标船的航向与速度，同时计算出本船与目标船间的速度比，即

K 值。

（3）当目标船的 $DCPA$ 小于 2 n mile 时，通过相对运动图解法作图，求取本船在预定的时间或距离危险目标船预定的距离（即相距 4 n mile 或 5 n mile 时）采取避让行动，并使目标船能以 2 n mile 的 $DCPA$ 通过的避让措施。

五、注意事项

1. 在按标绘得出的转向角（或新航向）采取避让行动后，应继续观测目标的变化，检验避让行动的效果。如避让后达不到原定的避让效果时，则应对标绘的结果加以检查和分析。

2. 注意对本船不同方位的目标船进行标绘的特点，特别是对来自左舷或右舷的目标船进行标绘时，应注意新相对运动线与雷达距离圈相切的上下方向。

3. 注意观测当目标船与本船的船速比 K 值不同时以及采取避让行动的距离不同时，本船所取转向角度的大小对两船会遇距离的影响。

六、实验报告内容

1. 怎样检验他船是否采取措施？若抵消本船避让措施时，如何采取新的避让措施？

2. 本船何时才能恢复原航向？

3. 在本船转向后只标绘两点查核避让效果的做法有什么弊病？

实验四　双目标避让训练

一、实验目的

1. 在熟练掌握单目标标绘方法的基础上，了解双目标标绘的特点。

2. 当两艘目标船都与本船存在碰撞危险时，掌握判断和确定更为危险目标的基本方法。

3. 掌握本船在对其中一个目标船采取避让措施后，预测另一目标船的 $DCPA$ 与 $TCPA$ 值和检验避让有效性的作图方法。

4. 了解和掌握本船、目标船或本船与目标船均采取避让行动时，目标船相对运动线的变化规律，并通过认真观测其变化以正确判断目标船的动态。

二、实验内容

1. 对位于同侧或不同侧方位的两个目标船进行系统的观测与标绘，求取各自的航向、航速、$DCPA$ 和 $TCPA$。

2. 根据两目标船的运动要素判断出有碰撞危险的目标船。如两者都有碰撞危险时，则应根据它们与本船的 $DCPA$、$TCPA$、方位和距离等因素确定出危险性大的目标船，并按照《规则》的规定和当时的船舶会遇态势决定避让方案。

3. 有碰撞危险（当两者均有碰撞危险时取危险性更大者）的目标船为避让目标，标绘得出相应的避让措施，并运用作图法判断和验证采取避让措施后对另一目标船的影响。如与另一船仍存在或将发生新的碰撞危险时，则应采取适合于当时情况的有效的避让措施，以保证对两目标船的安全避让。

4. 按照作图所得的避让方法采取行动，认真观测和检验避让效果。通过对相对运动线变化的观测，认真总结和掌握本船、目标船或本船与目标船均采取避让行动时，目标船相对运动线的变化规律，并在观测该运动线的变化时，及时发现和掌握目标船所采取的避让行动，以便采取安全的措施让开目标船。

三、实验前的准备

学生接受本次训练前，应能基本掌握在标绘纸上对两个目标进行标绘作图的方法，同时应了解本船在对其中一个目标船采取避让措施后，求取与另一目标船的 $DCPA$ 与 $TCPA$ 值和检验避让有效性的作图方法。

四、实验过程

1. 在雷达标绘器采用与单目标标绘相同的方法对两目标进行系统的观测与标绘，求出各自的 $DCPA$、$TCPA$、航向与航速。

2. 根据两目标船的运动参数和它们与本船的实际会遇格局，采取相应的避让行动。

3. 在本船采取避让行动前后，应认真注意观测两目标船相对运动线的变化情况，特别是在掌握本船采取避让行动后来船相对运动线变化规律的基础上，注意观测和了解目标船采取行动后或本船和目标船均采取避让行动后，对目标船相对运动线的影响及其本身的变化规律，以便及时发现和掌握目标船所采取的避让行动和采取安全的措施让开目标船。这些相对运动线的具体变化可包括如下情况：

（1）目标船保向保速，本船采取向右或向左转向的避让措施。

（2）目标船保向保速，本船采取减速或加速的避让措施。

（3）本船保向保速，目标船采取向右或向左转向的避让措施。

（4）本船保向保速，目标船采取减速或加速的避让措施。

（5）目标船和本船均同时采取向右或向左转向的避让措施。

（6）目标船采取向左转向而本船采取向右转向的避让措施。

（7）目标船和本船均采取减速或加速的避让措施。

（8）目标船采用加速而本船采取减速的避让措施等。

五、注意事项

1. 在双目标标绘过程中，首先能正确判断出有危险或危险性大的目标。在采取避让行动前应通过标绘作图方法，对所采取的行动将与另一目标之间发生的关系进行预测，以免造成当对一船采取避让行动时又与另一船构成碰撞危险的局面。

2. 应在认真总结本船采取转向、减速或停车避让措施后对相对运动线的影响及其变化规律的基础上，及时从相对运动线的变化中判断出目标船是否也采取了避让行动，特别是能根据该线的变化及时正确地发现和判断出目标船的状态。

3. 在对不宜采取转让避让措施的目标船采取减速或停车避让行动时，应密切注意和考虑本船的操纵特性，特别是冲程对避让效果的影响。

六、实验报告内容

1. 双目标标绘应注意哪些问题？举例加以说明。

2. 归纳在本船、目标船和本船与目标船均采取避让措施后，目标相对运动线有哪些变化规律。

实验五　多目标避让训练

一、实验目的

1. 掌握同时对多艘目标船的标绘方法，迅速求取各目标船的运动要素。

2. 及时、正确地在多艘目标船中判断出最危险的目标船或重点避让目标，并求得避让措施。

3. 通过对避让措施的验证，根据《规则》的规定和当时各目标船之间的会遇态势，采取最佳避让措施。

4. 正确判断和掌握本船、目标船或本船与他船同时采取避让行动时，目标船相对运动线的变化规律；当避让效果不理想或因双方避让行动不协调时，能继续采取有效的避让行动，避免形成紧迫局面和避免碰撞事故的发生。

二、实验内容

1. 对位于本船不同方位的多目标船进行系统的观测与标绘，求取各自的航向、航速、DCPA 和 TCPA。

2. 根据多艘目标船的运动要素判断出有碰撞危险的目标船，如有两艘或两艘以上的目标船与本船存在碰撞危险，则应根据他们与本船的 DCPA、TCPA、方位和距离等因素确定出危险性最大的目标船或重点避让目标，并按《规则》的规定和当时的船舶会遇态势决定避让方案。

3. 针对避让目标，标绘得出相应的避让措施，并运用作图法对采取避让措施后对其他各船的关系和影响做出判断。如与其他船仍存在碰撞危险，则应选择适合于当时情况的避让措施，以保证对其他目标船的安全避让。

4. 按作图所得的避让方法采取行动，认真观测和检验避让效果。通过相对运动线的变化注意观测所有目标船的动态，了解和掌握本船、目标船或本船与他船同时采取避让行动时，目标船相对运动线的变化规律，并通过认真观测该线的变化以及时发现和掌握目标船所采取的避让行动，以确保采取安全的措施能够让开所有目标船。

三、实验前的准备

学生接受本次训练前，应全面掌握在标绘纸上对多艘目标船进行标绘的作图方法、判断最危险目标船（或重点避让目标船）的原则与方法，以及对某一目标船采取避让措施后，求取与其他目标船的 DCPA 与 TCPA 值和检验避让行动有效性的作图方法。

四、实验过程

1. 对多个目标同时进行标绘，求出各自 DCPA、TCPA、航向与航速。

2. 根据各目标船的运动要素判断出有碰撞危险的目标船，再根据它们与本船的 DCPA、TCPA、方位和距离等因素确定出最危险的目标船，或者重点避让目标船，并按照《规则》

的规定和当时的船舶会遇态势决定避让方案。

3. 针对避让目标，标绘得出相应的避让措施，并运用作图法对采取避让措施后对其他各目标船的关系和影响做出判断，得到当时情况下最佳的安全避让方法。

4. 按最佳避让方法采取行动，认真观测和检验避让效果。通过相对运动线的变化，及时发现目标船所采取的避让行动，掌握目标船所采取的行动对相对运动线的影响，以切实了解其动态，并进一步采取相应的避让措施。

五、注意事项

1. 在多目标船的标绘和避让训练时，应能根据初始的标绘结果对本船与多艘目标船的会遇态势做出正确的分析，判断出有危险的目标、危险性最大的目标或重点避让目标船。在采取避让行动前，应通过相应的标绘法，对采用该避让措施后本船与其他目标船之间将形成的关系和局面加以预测，以免造成当对某一目标船采取避让行动时又与其他目标船构成碰撞危险的局面。

2. 注意观察和总结本船采取转向、变速的避让措施后，目标船也采取转向或变速的避让措施时，对目标船相对运动线的影响及其变化规律，并能从相对运动线的变化中判断出目标船采取了何种避让行动。

3. 当本船与目标船均采取了避让措施，但因相互的行动不协调形成紧迫局面时，应及时调整（减小）雷达量程与图像，以便更有效地观测目标船相对运动线的变化，正确掌握其动态，并根据《规则》第十九条中的有关规定采取有效的大幅度转向或变速等应急措施，以避免碰撞。

4. 注意《规则》第八条"避免碰撞的行动"第3款的规定以及第十九条"船舶在能见度不良时的行动"第4款关于转向避让的规定："除对被追越船外，对正横前的船舶应避免采取向左转向"，以防止与目标船之间因避让行动不协调而形成紧迫局面和发生碰撞。

在采用避让行动前除了应严格遵循上一练习中已提到的《规则》第十九条"船舶在能见度不良时的行动"第4款关于转向避让的规定外，还应注意《规则》第八条"避免碰撞的行动"第3款的规定和第十九条"能见度不良时船舶的行动"第4款关于转向避让的规定。

六、实验报告内容

1. 总结归纳转向避让的体会。
2. 选定避让重点船的依据和方法是什么？举例说明。
3. 当目标船与本船的避让行动不协调而形成紧迫局面时应如何采取应急措施？

实验六　转向不变线和雷达避碰转向示意图的应用

一、实验目的

1. 正确运用转向不变线，判断本船转向后是否与其他目标船存在碰撞危险，必要时采取适合于当时环境和情况的避让行动。

2. 掌握雷达避碰转向示意图的应用方法与注意事项。

3. 能够运用雷达避碰转向示意图，对来自本船不同方位的危险目标船采取转向避让。

二、实验内容

1. 继续练习对位于本船不同方位的多目标船进行系统的观测与标绘，求取各自的航向、航速、DCPA 和 TCPA。同时根据多艘目标船的运动要素，判断出有碰撞危险的目标船。

2. 根据多个目标船与本船的 DCPA、TCPA、方位和距离等因素确定出危险性最大的目标船，或重点避让目标船，并严格按照《规则》的规定和当时的船舶会遇态势求取对该船转向避让的措施。

3. 运用转向不变线，在对危险性最大的目标船（或重点避让目标船）采取转向避让行动之前，验证采用该行动将对其他目标船的影响及最终避让效果。

4. 分别对来自相对方位 000°、030°、060°、090°、150°、292.5°、330°的目标进行转向避让，检验雷达避碰转向示意图中所标出的 DCPA 值。

5. 分别对来自相对方位 090°、292.5°、330°的目标进行减速避让，并与转向避让效果进行对比。

三、实验前的准备

学生接受本次训练前，除了应全面掌握在标绘纸上对多艘目标船进行标绘的作图方法、判断最危险目标船（或重点避让目标船）的原则与方法，以及对某一目标船采取避让措施后与其他目标船的 DCPA 与 TCPA 值和检验避让有效性的作图方法外，还应熟悉转向不变线的原理，能运用转向不变线判断本船转向后是否与其他目标船存在碰撞危险。

四、实验过程

1. 对多个目标进行标绘，求出各自的 DCPA、TCPA、航向与航速。

2. 根据各目标船的运动要素判断出有碰撞危险的目标，如有两个或两个以上目标有碰撞危险，则应根据它们与本船的 DCPA、TCPA、方位和距离等因素确定出最危险的目标船（或重点避让目标船），并按照《规则》的规定和当时的船舶会遇态势决定避让方案。

3. 针对避让目标，标绘得出采取转向避让的转向角的数值。直接运用转向不变线的原理和方法，查核避让行动有效性，即检验采取避让措施后，本船与其他物标船间是否存在新的碰撞危险。

具体方法：当确定出转向角 ΔC 后，便可相应地确定出一条与 ΔC 的角平分线相垂直的直线，平移到扫描中心后即为转向不变线。若有其他的目标船所标绘出的相对运动线与该线重合或平行，则转向后这些物标船将仍保持在原来的相对航向线上做相对运动，表明本船的避让措施无法让开这些目标船，仍存在着第二次碰撞的危险（即来船为快速船而本船为慢速船的情况下），尤其易发生在来自本船在左舷正横以前的目标船，同时也应注意本船接近右后方的目标船。

4. 一旦发现上述这种情况，则应引起高度的戒备，并重新根据《规则》的规定和当时的船舶会遇态势决定新的避让方案，以确保避让的安全。如当时条件许可并确有必要时，在已经充分认识和正确判定本船在对最危险目标船转向避让后，将与其他目标船形成碰撞危险的基础上，本船可考虑先采取有效的避让措施让开最危险的目标船，然后再及时采取相应的行动避让其他有碰撞危险的目标船，即采取多次有效的避让行动，最终让开所有存在碰撞危险的目标船。

5. 在通过系统观测而断定与目标船存在碰撞危险，或正在形成碰撞局面的情况下，根据雷达避碰转向示意图的推荐方法，结合《规则》第十九条的有关规定，对来自不同方位的另一目标船在接近本船于 4～6 n mile 时逐一进行转向避让的操作，并验证避让的效果。

6. 在参加以上训练项目的过程中，可通过观测目标在特定的接近距离范围内其方位变化的实际观测结果，练习直接在方位变化与距离变化关系表上查取 $DCPA$ 估算值的方法。同时，还可通过标绘出的结果来验证这种方法的结果。

五、注意事项

1. 通过转向不变线来辨别和预测采用特定的转向避让措施后，本船与其他目标船之间将形成的关系和局面时，首先要保证多目标标绘、判断危险性最大的目标船以及确定的转向措施的正确性。

2. 在运用转向不变线的方法判别和预测本船针对某一目标船采取转向避让行动后，与其他目标船是否存在碰撞危险时，应特别注意来自本船左舷正横以前和接近右后方的目标船。

3. 在使用雷达避碰转向示意图时，应注意该图所建议的方法适用于开阔水域的避让，而且仅适用于避让单船。多船避让时应综合考虑当时其他目标船与本船所处的局面和关系。

4. 运用雷达避碰转向示意图推荐的方法采取避让行动时，对来自本船 292.5°～112.5°方位范围内的目标船，宜在相距 4～6 n mile 时采取避让行动，而对 112.5°～292.5°方位范围内的目标船，则可在相距 3 n mile 时采取避让行动。如果船舶在小于以上要求的距离采取行动，则难以保证船舶的航行安全。另外，在采用转向避让行动时，不得随意变换船速，以防转向避让的效果被变速行动所抵消。如果第一次转向行动不足，如当时环境条件许可时，可再次转向，直至能与目标船安全通过。

六、实验报告内容

1. 归纳标绘、分析、转向避让和检验避让效果的步骤以及实际操练的体会。
2. 分析达不到预定 $DCPA$ 值的原因。
3. 通过实际操作总结出转向与停车、减速避让的特点。
4. 归纳和总结转向不变线在多目标标绘与避让中的运用方法。
5. 归纳和总结雷达避碰转向示意图在避让中的运用方法。

实验七 紧迫局面与紧迫危险

一、实验目的

1. 熟悉和掌握船舶在海上航行中发生紧迫局面、紧迫危险时的应急避让方法与措施。
2. 通过上机操练使学生具有在紧急情况下的应变能力。

二、实验内容

1. 互见中，紧迫局面、紧迫危险时的紧急避让。

2. 能见度受限时，紧迫局面、紧迫危险时的紧急避让。

3. 对因目标船或本船所采取避让行动不当或不协调而引起的紧迫局面、紧迫危险采取相应的应急措施，以避免碰撞的发生。

三、实验前的准备

预习关于多目标标绘及避让的方法和因目标船或本船所采取避让行动不当或不协调而引起的紧迫局面时应采取的应急措施等方面的内容。

四、实验过程

1. 按照设定的练习，分别开展互见中，能见度受限时，发生紧迫局面、紧迫危险时的紧急避让。

2. 因目标船或本船所采取避让行动不当或不协调而引起紧迫局面时，可按以下情况和要求采取相应的应急措施，以避免碰撞的发生。

（1）对位于本船右舷的危险目标船采取右转或减速避让后，如发现它的相对运动线变化不大或无变化时，在排除本船避让措施不当的基础上，应考虑该目标船采用了减速（停车）或左转的行动（具体可从其接近本船的速度上加以判断：如接近速度较慢，则它可能采用了减速或停车的措施；如接近速度较快，则它可能采取了左转不当的行动）。此时本船可以采用原速度继续右转，将其保持在左正横或左正横偏后不超过15°的位置上，并在雷达屏幕上采用小量程观测该目标船回波移动的余晖，从而判断本船避让行动的结果。

（2）对位于本船左舷的危险目标船采取减速避让后，如发现它的相对运动线变化不大或无变化时，应考虑该目标船也采用了减速或向右小幅度转向的行动（同样可从其接近本船的速度上加以判断）。此时本船可采用上面介绍的方法，即恢复原速度并右转，将其保持在左正横附近，并继续观测避让的结果和它的动向。

（3）如在正横前近距离突然发现目标船，并已不能避免紧迫局面时，包括在以上（1）和（2）中提及的情况中，因两船距离过近而采用上面介绍的方法仍无法让开本船时，则应立即减速到能维持舵效的最小速度，必要时，应停车或把船完全停住，以避免碰撞或减少碰撞后的损失。

3. 学生独立完成每一个训练内容后，指导教师应结合避让效果逐一在教练台给予讲解和分析。

五、实验报告内容

1. 结合《规则》有关内容谈谈为什么会形成紧迫局面？
2. 谈谈紧急避让的体会。

实验八　受限水域避碰

一、实验目的

1. 熟悉和掌握船舶在狭水道使用雷达导航和避碰的方法和特点。
2. 熟悉和掌握船舶在分道通航制区域使用雷达避碰的方法与特点。

3. 熟悉和掌握船舶在渔区使用雷达导航和避碰的方法与特点。

二、实验内容

1. 根据训练的要求，熟悉选定的航行区域的相关资料与情况，并做好各项航行前的准备工作，包括计划航线的拟定、定位方法、值班人员安排等。

2. 船舶在狭水道、分道通航制区域、渔区按预定的计划航线航行的过程中，通过采用雷达连续对选定的目标进行测定距离与方位，在得到自己正确船位的基础上安全航行。

3. 根据通航区域的实际情况，适时采用距离或方位避险线法避开危险障航物，以确保航行的安全。

4. 及时转换雷达量程，认真观测远近目标船的动态，及时发现有碰撞危险的目标船，并遵照《规则》的规定和根据通航区域内的实际情况，对有危险的来船进行避让。

三、实验前的准备

学生应基本了解本船所航行水域外部航道的主要情况及导航设施，掌握雷达测量距离和方位的定位等安全航行的理论知识，并能熟练地进行雷达标绘和通过观测相对运动情况判断目标船的动态。

四、实验过程

1. 在熟悉选定航行区域的相关资料与情况，并做好计划航线的拟定、定位方法确定、值班人员安排等航行前的准备工作后，由规定的人员按正规的操作步骤正确开启、调整和设置好雷达显示器。

2. 按照海上实际航行的需要，在本船教练员的协助下，学员应明确分工，各自担任船长、驾驶员及舵工等职。

3. 根据本船的航行任务与要求，使用雷达通过对选定目标的测定距离和方位正确定出自己在海图上的船位，按照拟定的计划航线，根据能见度的实际情况和当时通航的密度与条件，设定好本船的航向并采取适合当时条件和情况的安全航速开始航行。

4. 连续使用雷达对航行区域内选定目标，包括雷达应答标、灯船、浮筒、岸形标记等以 15 min 的间隔进行测定距离和方位，以及时正确地走出本船船位，确保航行的安全。

5. 根据航道的地理情况，在有危险障航物或浅滩的区域，在雷达上采用安全距离与方位避险线的方法标绘出危险区域，并确保本船实际航行在安全水域之中。

6. 注意所航行水域的相关规定，并严格遵守和执行这些相关规定。特别是在分道通航区域或其他特定的水域航行时，必须严格地执行进入、驶离、穿越这些航行区域的规定。

7. 通过及时转换雷达量程，认真观测远近目标船的动态，遵照《规则》的规定并根据通航区域内的实际情况，对有碰撞危险的目标船及早采取积极的避让行动。

8. 在充分考虑受限水域内船舶避让的局限性与特点的基础上，对因相互避让措施不当或不协调而与本船形成紧迫局面的目标船采取应急避让措施，包括在可能的情况下大幅度转向或变速，必要时采取停车或倒车将船停住等措施，尽可能避免碰撞事故的发生。

五、注意事项

1. 在受限水域航行时，船舶应选择最佳的定位导航目标，正确使用雷达，通过测定距离和方位定出精确的船位。同时，必须严格按照《规则》有关在"狭水道"或"分道通航制"航行的有关规定，保持本船始终航行在航道的正确位置上。

2. 航行时应适时转换雷达量程，认真观测目标船，特别是近距离目标船的动态，及时发现危险目标船，并积极采取适合当时环境和条件的避让行动。

3. 在对有危险的目标船采取应急避让行动时，应充分考虑受限水域内船舶避让的局限性与特点，如航道宽度较窄，一般宜及早采取大幅度的变速避让，以免因大幅度转向而引起搁浅的事故；同时，还应注意本船前后左右其他目标船的动态，以免与另一目标船形成新的紧迫局面和碰撞危险。

4. 在受限水域与目标船相遇时，如可行和必要，应正确使用船舶的声响信号和 VHF 通信装置及时与目标船进行联系，以协调各自的避让行动，保证相互安全通过。

六、实验报告内容

1. 归纳总结船舶航行在狭水道、分道通航制区域时使用雷达导航和避碰的方法与特点。
2. 归纳总结船舶穿越渔区时使用雷达导航和避碰的方法与特点。

雷达标绘作业题

1. 本船真航向180°，航速12 kn，雷达测得目标船资料如下：

    23 时 40 分 右舷 46.5° 距离 8.4 n mile

    23 时 46 分 右舷 46.0° 距离 6.3 n mile

求：（1）目标船的航向及航速。

  （2）为保持 2 n mile 通过，本船应右转多少度？或者减速至多少 kn？

  （3）分别采取向右转向和减速，哪种措施可以先通过？

2. 本船真航向190°，航速6 kn，雷达测得来船资料如下：

    08 时 00 分 真方位 122° 距离 8.2 n mile

    08 时 05 分 真方位 122° 距离 7.1 n mile

    08 时 10 分 真方位 122° 距离 6.0 n mile

在 08 时 10 分本船减速到 3 kn，08 时 20 分本船减速到 1.5 kn，08 时 30 分本船停车（不计惯性冲程），求来船的 DCPA、TCPA。

3. 本船真航向120°，航速10 kn，雷达测得来船资料如下：

    08 时 00 分 TB=140° D=9.0 n mile

    08 时 06 分 TB=139° D=7.5 n mile

    08 时 12 分 TB=138° D=6.0 n mile

此时本船右转，稳定在150°新航向，于 08 时 18 分测得来船 TB=130°，D=4.75 n mile。

求：（1）来船的航向、航速和本船改向后的 DCPA、TCPA。

  （2）为保持 2 n mile 通过，本船何时可以恢复原航向？

4. 本船真航向080°，航速10 kn，雷达测得来船资料见表 3-6-3：

表 3-6-3　雷达测得来船资料

时间	A 船	B 船
14 时 00 分	TB=115°，D=11.0 n mile	TB=170°，D=9.5 n mile
14 时 06 分	TB=115°，D=9.0 n mile	TB=169°，D=8.5 n mile
14 时 12 分	TB=115°，D=7.0 n mile	TB=168°，D=7.5 n mile

（1）为让 A 船，本船与 A 船相距 6 n mile 时右转，拟保持 2 n mile 通过，求本船应驶的新航向。

（2）14 时 15 分得知 B 船已经改驶 040°，航速 7.5 kn，求 B 船的 DCPA。

（3）发现与 B 船的 DCPA 太小，本船决定停车，若本船停车冲程为 1.0 n mile，历时 9 min，欲使 B 船在本船前方 2 n mile 通过，本船应该何时停车？

（4）求 B 船的 TCPA。

5. 本船雾中航行，真航向100°，航速12 kn，雷达测得来船资料见表 3-6-4：

表 3 - 6 - 4　雷达测得来船资料

时间	A 船	B 船
10 时 12 分	TB＝140°，D＝11.0 n mile	TB＝210°，D＝4.0 n mile
10 时 18 分	TB＝140°，D＝9.0 n mile	TB＝210°，D＝4.0 n mile
10 时 24 分	TB＝140°，D＝7.0 n mile	TB＝210°，D＝4.0 n mile

10 时 24 分 A 船用 VHF 告诉本船，它改向至 010°，航速不变。12 min 后，本船发现与 A 船的会遇距离过小，遂向右改向 40°，设 B 船保向保速。

求：（1）A 船的原航向、航速。

（2）两船改向后，本船与 A 船的 DCPA、TCPA。

（3）本船与 A 船到达最近会遇距离时，B 船的方位和距离。

（4）根据《规则》分析本船和 A 船采取的行动。

船舶避碰实验（PLOTTING 部分）
学员考核记录

姓　名		班级		时　间	
评 分 项 目				参考分数	
1	观测目标船的相对运动线			5	
2	求取目标船的航向、航速、DCPA 和 TCPA			10	
3	判断本船所处的局面			5	
4	根据《规则》的规定拟定避让措施			10	
5	根据转向不变线判断来船相对运动线的变化方向			15	
6	通过标绘求出具体转向角或变速的数值			15	
7	操纵船舶进行避让			10	
8	验证避让结果（观测）			10	
9	分析产生误差的原因（实际操船与作图之间的误差）			10	
10	总结避让体会			10	
合　计				100	

第四章

电子海图显示与信息系统实验

电子海图显示与信息系统（ECDIS）被认为是继雷达/ARPA之后在船舶导航方面又一项伟大的技术革命。从最初纸海图的简单电子复制品到过渡性的电子海图系统（ENS），ECDIS已发展成为一种新型的船舶导航系统和辅助决策系统，它不仅能连续给出船位，还能提供和综合与航海有关的各种信息，有效地防范各种险情。据不完全统计，目前世界上安装各类电子海图的商船、渔船、客船、游船及军舰在20万条以上。对于船舶而言，随着各国官方电子航海图（ENC）逐步完备、标准ECDIS的出现以及IMO对ECDIS的认可，EC-DIS势必取代沿用了几百年的传统纸海图。

第一节　电子海图和电子海图应用系统

一、电子海图

电子海图是描述海域地理信息和航海信息的数字化产品，主要涉及海洋及其毗邻的陆地，详细描述了岸形、岛屿、浅滩、礁石、水深、沉船、底质、助航标志、潮流、海流等航海所需的资料。

电子海图按照制作方法可分为矢量电子海图和光栅电子海图两大类。

1. 矢量电子海图（vector charts）

矢量电子海图是将数字化的海图信息分类存储的数据库，使用者可以选择性地查询、显示和使用数据，并可以和其他船舶系统相结合，提供诸如警戒区、危险区的自动报警等功能，包括标准电子海图（ENC）和非标准电子海图（DNC，CM93）。

2. 光栅电子海图（raster charts）

光栅电子海图是通过对纸质海图的光学扫描形成的数据信息文件，可以看作纸质海图的复制品。因此，不能提供选择性的查询和显示功能。

二、标准电子海图

随着电子海图的发展，相关国际组织通过制定标准规范和统一电子海图的数据格式，随之产生了标准的光栅电子海图和矢量电子海图，即光栅扫描航海图和电子航海图。

1. 光栅扫描航海图（raster navigational chart，RNC）

RNC是符合国际水道测量组织（IHO）《光栅航海图产品规范》（S-61）的光栅电子海图，是通过国家水道测量部门或其授权出版的海图数字扫描而成，并结合显示系统提供连续自动的定位功能的电子海图。

RNC 具有以下属性：

（1）由官方纸质海图复制而成。

（2）根据国际标准制作。

（3）内容的准确性由发行数据的水道测量局负责。

（4）根据数字化分发的官方改正数据进行定期改正。

2. 电子航海图（electronic navigational chart，ENC）

ENC 是完全符合相关国际标准的，由政府或政府授权的海道测量机构或其他相关政府机构发布的与 ECDIS 一起使用的数据库，具有标准化的内容、结构、格式。这个数据库由官方授权的权威海道测量部门制作发行，供 ECDIS 使用。这种海图不仅具有安全航行所需要的所有信息，还可以具有被认为是航行安全所需而纸质海图没有的其他信息。

ENC 具有以下属性：

（1）内容基于主管海道测量局的原始数据或官方海图。

（2）根据国际标准进行编码和编制。

（3）基于 WGS84 坐标系。

（4）内容的准确性由发行数据的水道测量局负责。

（5）由主管海道测量局发行。

（6）根据数字化分发的官方改正数据进行定期改正。

三、电子海图应用系统

1. 电子海图显示与信息系统（ECDIS）

ECDIS 是一个航行信息系统，如果这个系统具有适当的备用配置，便能被接受为符合1974 年 SOLAS 公约中第五章第 19 条和第 27 条关于改正至最新的海图的配备要求。该系统可有选择地显示系统电子航海图中的信息以及从导航传感器获得的数据信息，以帮助航海人员进行航线设计和航路监视，并且能够按要求显示其他与航海相关的补充信息。

2. 系统电子航海图（SENC）

SENC 是一个数据库，这个数据库是为了恰当使用 ENC 而由 ECDIS 将其进行格式转换，同时通过恰当方法改正 ENC，并且由航海人员添加了其他数据后而形成的。这个数据库被 ECDIS 直接使用来显示电子海图并完成其他航海功能，并且与最新的纸质海图等价。SENC 还可包含来自其他信息源的信息。

3. 电子海图系统（ECS）

电子海图系统是指用于显示官方或非官方矢量电子海图或光栅电子海图数据库，是不符合 ECDIS 相关国际标准的电子海图显示系统。ECS 也可具有各种导航应用功能。

4. 光栅海图显示系统（RCDS）

光栅海图显示系统是一种航行信息系统，可显示航行传感器提供的位置信息来帮助用户设计航线和监控航行，也可显示其他相关航行信息。与 ECDIS 类似，为了快速显示海图数据和实现其他导航功能，RCDS 先对 RNC 更新数据进行格式转换，再生成新的数据库，即系统光栅海图（SRNC）。

第二节 电子海图显示与信息系统

一、电子海图显示与信息系统组成

电子海图显示与信息系统的组成分为硬件部分和软件部分。

1. 硬件部分

ECDIS 实质上是一个高性能的、内/外部接口符合 IHOS-52 标准要求的船用计算机系统。系统的中心是高速中央处理器和大容量的内部及外部存储器。外部存储器存的容量应保证能够容纳整个 ENC、ENC 改正数据和 SENC。中央处理器、内存和显存容量应保证显示一幅电子海图所需时间不超过 5 s。目前各厂商都能在 1 s 内完成一幅电子海图的显示。

图形显示器用于显示电子海图,其尺寸、颜色和分辨率应符合 IHO S-52 的最低要求,即有效画面最小尺寸应为 350 mm×270 mm,不少于 64 种颜色,像素尺寸小于 0.3 mm。在进行航路监视时显示海图的有效尺寸至少应为 270 mm×270 mm(符合 IMO ECDIS 性能标准的要求)。

文本显示器用于显示航行警告、航路指南、航标表等航海咨询信息,其尺寸应不小于 14 in*,支持 24×80 字符显示。

内部接口应包括图形卡、语音卡、硬盘和光盘控制卡等。以光盘或软盘为载体的 ENC 及其改正数据,以及用于测试 ECDIS 性能的测试数据集可通过内部接口直接录入硬盘,船舶驾驶员在电子海图上所进行的一些手工标绘、注记,以及电子海图的手工改正数据的输入等可通过键盘和游标实现。同喇叭相连接的语音卡,能够实现语音报警。

利用打印机可实现电子海图和航行状态的拷贝,以便事后分析。VDR 按国际海事组织的要求记录航行数据。

外部接口一般是含有 CPU 的智能接口,保证从外部传感器接收信息(包括 GPS、LORAN-C、罗经、计程仪、风速风向仪、测深仪、AIS、雷达/ARPA、卫星船站、自动舵等设备的信息)并按照一定的调度策略向主机发送。

通过船用通信设备(如 INMARSAT-C)不仅能自动接收 ENC 的改正数据,实现电子海图的自动改正,而且还可接收其他诸如气象预报数据等。

2. 软件部分

ECDIS 软件是 ECDIS 系统的核心,主要包括:海图信息处理软件、电子海图显示系统软件、计划航线设计软件、传感器接口软件、航路监视软件、航行记录软件、航海问题的求解软件等。

海图信息处理软件:由 ENC 向 SENC 转换的软件、电子海图自动和手工改正软件、海图符号库的管理软件、航海咨询信息的管理软件、电子海图库的管理软件、海图要素分类及编码系统的管理软件、用户数据的管理软件等。

电子海图显示系统软件:电子海图合成软件(给定显示区域、比例尺和投影方式,搜索合适的海图数据,并进行投影和裁剪计算,生成图形文件)、电子海图显示软件(根据图形文件调用符号库,在屏幕上绘制海图)、电子海图上要素的搜索软件、航海咨询信息的显示

---

* m 为非法定计量单位,1 in=2.54 cm。

软件等。

　　计划航线设计软件：在电子海图上手工绘制和修改计划航线、计划航线可行性检查、经验（推荐）航线库的管理、航行计划列表的生成（每个航行段的距离、航速、航向、航行时间等）。

　　传感器接口软件：与 GPS、LORAN - C、罗经、计程仪、风速风向仪、测深仪、AIS、雷达/ARPA、卫星船站、自动舵等设备的接口软件，以及从这些传感器所读取的信息的调度和综合处理软件。

　　航路监视软件：计算船舶偏离计划航线的距离、检测航行前方的危险物和浅水域、危险指示和报警等。

　　航行记录软件：记录船舶航行过程中所使用的海图的详细信息以及航行要素，实现类似"黑匣子"的功能。

　　航海问题的求解软件：船位推算、恒向线和大圆航法计算、距离和方位计算、陆标定位计算、大地问题正反解计算、不同大地坐标系之间的换算、船舶避碰要素（CPA、TCPA）计算等。

二、ECDIS 的主要功能

　　(1) 海图显示。包括：在给定的投影方式下合成和显示海图（在使用墨卡托投影方式时，可适当选取海图的基准纬度，以减小海图的投影变形）；以"真北向上"或"航向向上"方式显示海图；以"相对运动"或"绝对运动"方式显示海图；随机改变电子海图的比例尺（缩放显示及漫游）；分层显示海图信息（隐去本船在特定航行条件下不需要的信息）。

　　(2) 海图作业。在电子海图上进行计划航线设计（依照推荐航线进行手工设计或进行大圆航线设计），以灵活的方式计算任意两点间的距离和方位（如利用电子方位线、活动距标圈等方式），标绘船位、航迹和时间。

　　(3) 海图改正。能够接受由官方 ENC 制作部门提供的正式改正数据以及由航海人员从纸质航海通告或无线电航行警告中提取的改正数据，实现 ENC 的自动和手工改正。

　　(4) 定位及导航。能够同计程仪、电罗经、GPS、LORAN - C、测深仪、气象仪等设备连接，接收来自这些传感器的信息，并进行综合处理，求得最佳船位；能够进行各种陆标定位计算。

　　(5) 雷达信息处理。ECDIS 可将雷达图像和 ARPA 信息叠加显示在电子海图上，提供本船、本船周围的静态目标、本船周围的动态目标三者之间的位置关系。航海人员可据此判断避碰态势，做出避碰决策。同时，还能够在电子海图上检测该避碰决策可行与否。

　　(6) 航行监控。在船舶航行过程中，ECDIS 能够自动计算船舶偏离计划航线的距离，必要时给出指示和报警，实现航迹保持。ECDIS 还能够自动检测到航行前方的暗礁、禁航区、浅滩等，实现避礁石、防搁浅。

　　(7) 航海信息咨询。获取电子海图上要素的详细描述信息以及整个航线上的航行条件信息，如潮汐、海流、气象等。

　　(8) 航行记录。ECDIS 能够自动记录前 12 h 内所使用过的 ENC 单元及其来源、版本、日期和改正历史，以及每隔 1 min 的船位、航速、航向等。一旦船舶发生事故，这些信息足以再现当时的航行情况。记录的信息不允许被操纵和改变，也就是说，ECDIS 应具备类似"黑匣子"的功能。

第三节　电子海图显示与信息系统相关国际标准

一、ECDIS 相关国际标准

1. IMO ECDIS 性能标准

IMO 在 1995 年 11 月第 19 届大会上以 A.817（19）号决议正式批准了"IMO ECDIS 性能标准"，此后海上安全委员会（MSC）分别在 1996 年通过 MSC.64（67）决议，在 1998 年通过 MSC 86（70）决议，在 2006 年通过 MSC.232（82）决议，并对其进行了三次修订。该标准给出了 ECDIS 的定义，规定了信息的显示、海图改正、航线设计、航路监视、航行记录等性能要求。该标准有七个附件：

附件一：给出了制定标准时所参照的其他标准，包括 IHOS-52 及其附件、IHOS-57、IEC61174 "电子海图显示与信息系统（ECDIS）测试方法和要求的测试结果"、IEC60945 "组成 GMDSS 的船载无线电设备和船用导航设备的一般要求"等。

附件二：给出了 ECDIS 在完成计划航线设计和航路监视期间可用的海图信息分类（显示基础、标准显示、附加信息）。

附件三：给出了 ECDIS 中所使用的航行要素和参数的术语及其缩写。

附件四：给出了 ECDIS 在完成计划航线设计和航路监视期间应自动检测到的特殊地理区域。

附件五：给出了 ECDIS 的报警及指示的形式和内容。

附件六：列出了对 ECDIS 后备装置的要求。

附件七：给出了光栅海图操作模式。

2. IHO 关于 ECDIS 的相关要求

IHO 关于电子海图的文件主要包括：

（1）IHO S-52 海图内容和显示规范。规定了电子航海图的内容和显示、数据结构、改正方法和信息传输途径，以及屏幕上电子海图的颜色和符号使用等。该标准有三个附件。

附件一：对电子航海图的改正问题做了详细的规定。

附件二：描述了 ECDIS 屏幕上电子海图的颜色和符号使用细节。

附件三：定义了 ECDIS 的相关术语。

（2）IHO S-57 数字化海道测量数据传输标准。描述了用于各国航道部门之间的数字化海道测量数据的交换以及向航海人员、ECDIS 的生产商发布这类数据的标准。它包括三章：一般性介绍、理论数据模型（海图信息描述的理论模型）、数据结构（电子航海图的数据格式），以及两个附件，即 IHO 物标目录（物标分类和编码系统）、产品规范（电子航海图产品规范、IHO 物标目录数据字典产品规范）。该标准是具有法律效力的矢量形式的电子航海图的数据传输标准。

（3）IHO S-63 是 IHO 关于数据保护方案的标准。

3. IEC61174

IEC61174 是 ECDIS 硬件设备的性能和测试标准，它描述了符合 IMO 标准的 ECDIS 的性能测试工作方法和要求的测试结果。符合该标准是 ECDIS 得到类型认可，从而合法地成为船用设备的前提。

二、SOLAS 公约关于海图的定义和配备

SOLAS 公约关于海图的配备要求位于该公约第 5 章，主要有以下几个方面：

1. 公约关于海图的定义

第 2 条　对海图进行定义：海图和图书是由政府、政府认可的海道测量部门或相关政府机构出版或授权出版的用于满足航海需要的专用图或书及编辑这种图或书所用的数据库。

2. SOLAS 公约关于海图的配备

第 19 条　规定不同船舶应配备的设备，其中关于海图的配备要求为：

船舶无论大小，应配备整个航次制订计划、显示、航行定位和航行监控所需的海图和图书，电子海图显示与信息系统可以被认为是符合本条海图配备要求的。

如果使用电子设备完成或部分完成航次所需的以上功能，必须有满足功能要求的备用配置（关于满足功能要求的备用配置在 IMO A. 817（19）决议中进行了规定）。

第 27 条　改正与更新：航次所需的海图和诸如航路指南、灯标表、航海通告、潮汐表及其他航行所需的图书应该是适当的且改正到最新。

三、ECDIS 取代纸质海图

通过类型认证的 ECDIS 使用改正至最新的官方 ENC（官方水道测量部门提供的符合 IHO S-57 标准，具体内容、显示方式，以及颜色和符号的使用等要符合 IHO S-52 规范）并配备适当的备用配置，可以取代纸质海图。

四、ECDIS 培训

目前，国际海事组织 STCW95 公约没有对 ECDIS 培训提出特别的正式要求，而是认为其应归于关于海图的培训与评估。但是，通过提出示范课程的方式强调了 ECDIS 培训的重要性。

ECDIS 是需要高操作技能的复杂的航行系统，不仅具有大量的航行功能，而且是由很多部分组成的复杂的基于计算机的信息系统，诸如硬件、软件、传感器、输入、详细精确的 ECDIS 数据及其显示规则、状态指示与报警、人机交互等。因此，在使用 ECDIS 航行和使用其功能时必须注意避免误用信息和系统失灵。

所有在配备有 ECDIS 的船舶上值班的船长、大副和驾驶员，应在完成使用 ECDIS 的课程后才能胜任使用该设备。为了航行安全，ECDIS 的培训和发证要求是必要的。

五、获取数据的责任

使用者有责任明确使用符合实际的有效数据，必须保证海图改正至最新。对于海图的改正，不仅要知道如何改正而且要知道改正数据的来源。要善于对海图数据的正确性进行确认，在系统运行中任何时候都可以查询使用中的数据的详细信息。

第四节　ECDIS 数据

一、ECDIS 数据基础

ECDIS 数据格式是 IHOS-57 格式，其将现实世界的实体用特征对象（feature object）

和空间对象（spatial object）的组合来描述：

特征对象：描述实体的种类、性质和特征等属性信息。

空间对象：描述实体的空间位置特性。

每个空间对象有特征对象与此对应，编码组成数据库。

二、ENC 的制作

1. 相关术语

电子航海图数据（electronic navigational chart data，ENCD）：国际海道测量组织提供的制作 ENC 的数据。

电子航海图数据库（electronic navigational chart data base，ENCDB）：生产和维护 ENC 的基础数据库，由 ENCD 编制而成。

电子海图数据库（electronic chart data base，ECDB）：ECDB 的基础数据库。

单元（cell）：某地理区域的 ENC 数据分发的基本单位，地理区域为由经线和纬线组成的方形区域，数据文件大小不超过 5 Mb。

2. 制作过程

ENC 的制作过程，首先由各个成员国海道测量组织从电子海图数据库生成所辖海域的 ENC 数据，并将其递交给相应的 ENC 区域协调中心，ENC 协调中心将各个成员国的 ENC 数据汇编成该区域的数据库，再生成可分发的 ENC，交由相应分发机构进行分发，ECDIS 将所需的 ENC 和改正信息综合到 SENC，使显示设备读取和显示电子海图。

3. ENC 数据

包括：控制点、高程点、陆地方位物、海岸、岛屿、陆地地貌、水系、道路、境界、桥梁、涵闸、管线、居民地、港口设施、近海设施、干出滩、水深、等深线、底质、航行障碍物、助航设施、航道、锚地、各种海区界线、海流与潮汐、对景图、观景点、磁差、各种地名、专有名称标记、说明标记、地理坐标网及标记、图解比例尺等。

4. ENC 的改正

手工改正：根据相关现行版航海通告进行改正。

自动改正：改正数据由官方 ENC 制作部门提供的数字形式的海图改正数据，在船舶航行时，可通过卫星线路将正式改正数据传送到船上进行改正。或船舶靠港时，能够以软盘、光盘等载体将正式的改正数据提供给船舶进行改正。

5. ECDIS 显示

（1）基础显示（display base）。不能去除的 SENC 信息（但不保证满足安全航行的需要）：

海岸线（高潮水位）

安全等深线（由航海人员选择）

安全等深线所定义的安全水域内深度小于安全等深线的水下孤立危险物

安全等深线所定义的安全水域内的孤立危险物，如桥梁和架空电缆等，包括浮标和立标。

各种分道通航制

比例尺、范围、方向（真北向上或航向向上）和显示方式（真运动或相对运动）

深度和高程单位

（2）标准显示（standard display）。ECDIS 最初显示时包含的 SENC 的信息（其提供的航线设计和航路监视的数据可以由航海人员根据需要调整）：

基础显示信息

干出线

固定和浮动的助航标志

航道和运河等的边界

视觉和雷达显著物标

禁航区和受限区域

海图比例尺边界

警告注记标志

（3）其他信息（all other information）。根据要求显示的信息：

水深点

海底电缆和管线

孤立危险物的详细信息

助航标志的详细信息

警告标记的内容

ENC 版本日期

测量基准面

磁差

经纬线图网

地名

（4）数据分层与显示优先级。

ECDIS 处理的全部数据，包括海图信息、雷达信息和其他传感器的数据，按照 IHOS-52 进行分层管理。

IHOS-52 规定，ECDIS 应将处理的数据至少分成 11 级（1 级内可以分为多层信息，1 层内可分为多种要素）。级别排列靠后的信息不能覆盖其前级信息。

信息分级：

ECDIS 警告信息（如坐标系、深度基准面异常警告、显示比例大于或小于 ENC 原始比例尺的警告）

水道测量组织（HO）数据：点、线、面和自动航海通告

手工输入的航海通告和无线电航海警告

ENC 警告（海图上的警告和注意信息）

HO 的颜色填充区域数据

HO 提供的根据用户要求显示的数据

雷达信息

用户数据：点、线、面（用户在电子海图上做的标注）

ECDIS 制造商的数据：点、线、面

用户的颜色填充区域数据

ECDIS 制造商的填充区域数据

6. 注意事项

ECDIS 数据是 ECDIS 的核心因素，只有官方数据可以使用。

ENC 数据的储存独立于任何应用软件，这使得数据具有较强的功能性和适用性。

ECDIS 的数据显示具有选择性，但只有符合标准的数据才可以选择显示。

ECDIS 的可靠性建立在数据质量的基础上，数据的质量依赖于数据测量的精确性、数据制作的精确性、数据覆盖范围、数据是否完整以及是否更新、数据坐标系等。这不仅要求原始数据要准确，而且驾驶员在选择使用数据时要充分考虑航行安全的需要，过多的数据不仅造成系统过载、使重要的信息被覆盖或淹没，而且不必要；但如果选择数据过少，则可能不能满足航海的需要。

定位系统所依据的参考系统（时间、方向、速度和坐标等）均可造成 ECDIS 的不准确性。

第五节 ECDIS 的应用

一、ECDIS 主要使用特性

1. 海图显示

在给定的投影方式下合成的显示海图（在使用墨卡托投影方式时，可适当选取海图的基准纬度，以减小海图投影变形），以"真北向上"或"船首向上"方式显示海图，随机改变电子海图的比例尺（缩放显示及漫游），分层显示海图信息（隐去本船在特定条件下不需要的信息）。

2. 海图作业

在电子海图上进行计划航线设计（依照推荐航线进行手工设计或进行大圆航线计算），以灵活的方式计算任意两点间的距离和方位（如利用电子方位线、活动距标圈等方式）预计到达转向点的时间等，标绘船位、航迹和时间。在航线设计中，如果设计的航线穿越了本船安全等深线、禁区边界或有特殊情况的某一地区边界，该系统会给出指示。在航行中，计划航线会自动出现在电子海图上，清楚地给出船舶的当前状态与计划航线的关系。需要时还能以表格形式显示各航路之间航线参数，如计划航速、航向和预计到达的时间以及实际航速航向和预计到达的时间。

3. 海图改正

ECDIS 有许多优点，更主要的优点是与纸海图相比，电子海图的改正更容易、迅速和准确，大大地减轻了航海人员的工作量并降低了误差出现的机会。ECDIS 能够接受由官方 ENC 制作部门提供的正式改正数据以及由航海人员从纸质版航海通告或无线电航行警告中提取的改正数据，实现 ENC 的自动、半自动和手工改正。

4. 定位及导航

多种导航传感器实时连续地接收各种信息，ECDIS 能够同计程仪、陀螺罗经、GPS、LORAN-C、测深仪和气象仪等设备连接，接收来自这些传感器的信息，并进行综合处理，求得最佳船位、航迹、航向和航速等；同时能够进行各种陆标定位计算。在航行中，来自 GPS 或 DGPS 的本船船位可连续自动地显示在电子海图上，并连续地显示出航迹，以便与计划航线比较。根据 IMO 的性能标准：雷达信息或其他导航信息可以叠加到 ECDIS 显示中，但不得减少 SENC 信息并且明显地与 SENC 信息加以区别。

5. 航海信息咨询

获取电子海图上物标的详细描述信息以及整个航线上的航行条件信息，如潮汐、海流和气象等。在航行期间，可以用鼠标捕获目标，该目标属性及文字说明可显示在屏幕上，例如将鼠标置于引航站位置，该引航站的通信频率、呼号等可以得到显示。还可以查询本地的潮汐数据，也可计算到达位置的潮汐数据。通过复杂烦琐的绘算才能求得某一特定时间、特定地点的潮汐潮流计算问题，简化为在屏幕上的轻轻一击。

6. 雷达图像叠加

在彩色显示器上，以电子海图为背景，叠加显示雷达图像可以认为是一种最有效的叠加显示方法。它既可以完成导航功能，又可以达到避碰的目的。海图背景、本船位置以及周围目标雷达图像的组合显示构成了安全航行所需要的全部信息。ECDIS 可将雷达图像或 AR-PA 信息叠加显示在电子海图上，提供本船、本船周围的静态目标与动态目标三者之间的位置关系，航海人员可据此判断避碰态势，做出避碰决策，同时，还能在电子海图上检测该避碰决策是否可行。

7. 航线设计

根据 IMO 性能标准的规定，包括直线和曲线两者在内的航线设计，能通过下述方法去修改航线：

（1）在航线上增加转向点。

（2）从航线上删除转向点。

（3）改变转向点的位置。

（4）改变航线中转向点的次序。

除选定的航线外，应能准备一条备用航线。选定的航线应与其他航线明显区别；如果航海人员拟定穿越本船的安全等深线，应给出一个指示；如果航海人员拟定的航线会穿越禁航区的边界或存在特殊区域的边界，应给出指示；航海人员应规定一个偏离计划航线的限度，根据此限度，接通自动偏航报警装置。

8. 航路监控

在船舶航行过程中，能清楚地给出船舶当前状态与计划航线的关系。ECDIS 能自动计算船舶偏离计划航线的距离，当必要时给出指示和报警，实现航迹保持。ECDIS 还可自动检测航行前方的危险海区、暗礁、禁航区和浅滩等，实现避碰、防搁浅。当本船船位偏离计划航线的距离大于设定距离时，该系统将会发出警报。

9. 航行记录

根据 IMO 性能标准的规定：ECDIS 应存储并能重现 12 h 的航行过程和使用官方数据库所要求的最少量要素。ECDIS 应能以 1 min 的时间间隔记录如下数据：

（1）本船航迹的记录：时间、位置、航向和航速。

（2）使用官方数据的记录：ENC 来源、版本、日期、单元和改正情况。

另外，ECDIS 应记录时间标记间隔不超过 4 h 的整个航程的完整航迹，ECDIS 不能对记录的信息进行处理或变更，ECDIS 应能保留前 12 h 的航海记录和航迹记录。也就是说，ECDIS 应具备类似"黑匣子"的功能。

二、ECDIS 与 AIS、VTS 的关系

1. ECDIS 与 AIS

AIS 系统能够与其他传感器相连，以便自动地从这些传感器中输入数据。AIS 系统的外部终端是电子海图与信息系统（ECDIS），自动识别系统（AIS）的符号已经包括在电子导航海图符号中。

2. ECDIS 与 VTS

ECDIS 在船舶交通管制（VTS）方面也将得到广泛的应用。在狭水道和港口运行的 VTS 通过数字化通信网络（数字广播）把在其作用范围内的各种船舶的识别码、通信设备情况、航速、航向等通报给所有有关船舶。进入 VTS 作用范围的每艘船舶上的 ECDIS 能够自动显示所接收到的其他船舶的位置和运动情况，并能查询这些船舶的其他静、动态信息。在需要避让时，本船可根据识别码同其他船舶建立通信联系，将拟采取的避让措施及时通知对方，从而达到协调行动的目的。这种方式克服了在狭水道中通信目标容易混淆的缺点。

三、ECDIS 保证航行安全的作用

1. 避礁石、防搁浅和航迹保持功能

ECDIS 在保证船舶航行安全方面最根本的一点在于，它包含最新的或经过改正后最新的海图信息（存储在 SENC 中），即系统总是"知道"船舶所处的静态地理环境，从而能够自动判断船舶与其周围的陆地、岛屿、暗礁、浅水域、禁航区等之间的相对位置关系，因此，ECDIS 可以检测航海人员制定的计划航线（船舶的预定运动轨迹）是否合理，船舶在航行过程中同各种静态目标之间的相对位置是否安全。这在一定程度上可减轻航海人员的疏忽等人为因素对航行安全所造成的不利影响。在进行航路监视时，航海人员可预先设置一个船舶偏离计划航线的限度，达到这个限度时，ECDIS 将自动发出偏离航线报警。这就要求 ECDIS 当收到来自导航系统如 GPS 的船位信息时，计算船位距相应的计划航线段的距离，并比较此距离与预设限度的大小以及实现航迹保持的功能。

2. 备份功能

1995 年 11 月，IMO 颁布了 IMO ECDIS 性能标准，即 IMO A.817（19）决议。1996 年 11 月又通过了 ECDIS 关于备份功能的标准，并作为性能标准的附录 6。ECDIS 备用系统的目的是确保在 ECDIS 故障过程中不影响航行安全，包括在危急航行状态下及时切换到备用系统。备用系统应使船舶安全地航行到航程结束。IMO 关于 ECDIS 的性能标准规定：为保证航海安全，必须提供独立有效的 ECDIS 备份功能，以防 ECDIS 系统出现故障，具体包括：

（1）为了确保 ECDIS 的故障不至于引起严重危机，系统应配备能取代 ECDIS 功能的设备，以保证 ECDIS 瘫痪时不至于严重局面的发生。

（2）在 ECDIS 发生故障的情况下，提供备用设备保证剩余航程的安全航行。ECDIS 备份系统的进一步定义：航行安全不会因为 ECDIS 系统的瘫痪受到影响，这包括在出现紧急情况时能及时切换到备份系统，并保证船舶能安全完成余下的航程。ECDIS 备份系统的基本功能应包括航线设计、航线监控、显示官方电子海图信息、更新记录航行信息。按照如下几条都可以达到备份系统的功能要求：

① 另备一套独立的 ECDIS，它应该符合 IMO 性能标准的要求或部分符合 IMO 性能标准的要求（如：显示器尺寸略小等）。

② 使用官方航道数据的光栅电子海图系统（RCDS）。

③ 使用官方航道局的矢量数据的电子海图系统（ECS）。

④ 各国航道局发行的最新纸海图，并可用来进行航线设计和定位。

第六节 使用 ECDIS 的风险

ECDIS 虽然功能很强，但也只是一种助航仪器，其系统本身也存在局限性，如显示误差和故障、使用者对系统设置和使用中的不适当或错误、传感器的误差、备用布置使用上的及时性和有效性等，这都要求使用者对其不能过分依赖。

一、ECDIS 的误差

1. 海图数据误差

海图数据误差是海图数据在形成过程中产生的误差以及不同数据来源所依据的基准不同引起的误差。

（1）海图误差。海图数据的质量主要依赖于数据测量精度、数据制作精度、数据是否覆盖所有水域范围、数据是否完整以及是否及时更新等。目前电子海图数据主要来源于纸质海图，纸质海图的水道测深数据及其标示的位置可能存在误差，从纸质海图到电子海图的转换过程中数据扫描可能有遗漏。

（2）坐标系误差。当定位系统所依据的坐标系与海图数据的坐标系不一致时，如果没有对船位误差进行修正，则海图上显示的船位不符合海图坐标系。

（3）方位误差。方位误差主要指真北与罗经北/雷达北的误差，即在 ECDIS 中海图数据所依据的方位是以真北为基准，而导航设备以罗经北为基准，如雷达、船首向。方位误差大小取决于罗经校正是否准确。

（4）传感器设备本身固有的误差。任何设备都具有自身固有的偏差，这是无法调整和避免的。

2. 船位误差

船位误差属于时变数据产生的误差，主要是由于系统定位不准确及定位系统与 ECDIS 时间不完全同步，导致显示的位置和计算的结果与实际不符。

（1）本船定位设备位置误差。定位设备提供的船位是天线所在位置坐标，ECDIS 以船舶的对称中心点为基准，而定位设备天线位置一般都不在该点上。ECDIS 中可设置定位设备天线与中线的相对位置，以计算船舶中心点的位置。但相对位置设置通常以米（m）为单位，存在一定的误差。

（2）目标船位误差。与本船位置类似，目标船位本身也存在一定的定位误差。

（3）数据延时。ECDIS 每隔 1～3 s 刷新一次海图数据和其他航海信息，而 ECDIS 中本船船位数据一般来自 GPS 传感器，GPS 传感器定位一般每秒产生 3 个位置数据。目标船位数据主要来自雷达和 AIS 传感器，雷达一般每隔 3 s 才刷新雷达的图像和所跟踪的目标，AIS 目标的显示与其信息更新时间间隔有关。因此，ECDIS 并非实时显示海图数据和目标的位置，存在一定的延时。

3. 外部设备误差

外部设备（传感器）可能产生的误差主要来自设备性能下降、设备连接故障和突发故障。

（1）性能下降。使用时间过长、部件老化等都可能引起设备的使用性能下降，从而无法达到其设计标准。如定位设备的精度可能由使用初期的 10 m 以内，降低到 20 m 以内；测深仪的误差可能由原来的厘米（cm）级下降到分米（dm）级，从而导致 ECDIS 获得的数据从来源上就存在不稳定和不准确性。

（2）连接故障。ECDIS 与外部设备的连接主要是有线方式，采用无线方式的较少。如果连接出现故障，外部设备就无法为 ECDIS 提供数据，ECDIS 也就无法提供相应信息。

（3）突发故障。硬件故障可使 ECDIS 获得的数据失真，给出的信息无法置信，最终可能导致灾难性后果。

4. 操作误差

操作误差主要体现在船员操作 ECDIS 过程中由于不熟练、知识欠缺或工作马虎等造成的错误操作而导致的误差。

（1）海图显示不当。ECDIS 的海图显示中，不仅要求原始数据要准确，而且在选择使用数据时要充分考虑航行安全的需要。过多的数据内容可能造成系统过载，使重要的信息被覆盖或淹没，但如果选择的数据过少，则可能不能满足航海安全的需要。

（2）设置错误。在 ECDIS 中，只有选择适当的诸如系统报警参数、航线监视报警参数、本船舶参数等，才能有效地发挥 ECDIS 的相关功能。例如偏航报警，如果设置的报警限制值过小，就会经常发生报警（可能是不必要的）。反之，如果过大，就会在应该报警的时候，无法给出。又如搁浅报警，如果设置的提前报警时间过短，就会形成虽产生了报警，但由于没有给后续的操船留有充分的时间，就有可能无法避免进入浅水区的危险。

（3）操作错误。操作错误是由于动作失误或选择错误造成的后果，应当在 ECDIS 使用中尽量避免。有可能是在选择操作菜单时，由于鼠标操作不熟练而选择了不应该选择的菜单行（临近）。也有可能是在选择显示分类时，没有将应该显示的物标类型选为显示物标类。

（4）理解错误。如果用户对 ECDIS 工作原理、数据产生机制不熟悉，就会对某些特殊情况不理解，不会进行必要的验证和分析，盲目地接受以致做出错误的决策。对电子海图的理解错误包括：

① 忽视海图超比例尺显示。海图上物标之间的空间位置关系在编辑比例尺（原始比例尺）下是最可靠的。在编辑比例尺上放大或缩小海图称为超比例尺显示。相对于编辑比例尺，超比例尺显示时，海图上物标之间的空间位置关系存在视觉差异，如果用户忽视了这种视觉差异，可能导致用户判断错误。

② 忽视显示控制。由于基础显示、标准显示和全部显示三种不同海图显示控制方式下显示出的海图数据不同，用户应该认识到各种显示都存在某些种类的海图物标不被显示的可能。

ECDIS 有多种显示亮度或显示方式供驾驶员选择。白天模式与夜间模式，其底色和显示信息的色彩差别非常大，选择不当可能导致识读错误或困难。

③ 缺乏分析接受显示船位。ECDIS 上显示的船位来自定位系统，目前主要是 GPS 船位。用户应该认识到所显示船位为观测船位，而非真实船位，观测船位都存在船位误差，定位系统可能不稳定导致错误船位。用户对基于观测船位的航行环境、报警提示等应经过分析后做出判断，尽可能利用多种定位手段核实船位。

5. ECDIS 的可靠性

（1）海图数据。驾驶员应使用权威机构发布的 ENC 海图数据，如果使用了其他数据，要甄别来源是否可靠和坐标系是否统一。商业公司制作和推广的电子海图，其海图数据多依赖于海道测量机构或授权，其权威性和时效性不如官方机构。区分电子海图数据是否为官方 ENC 的方法为：在购买数字产品时，注意检查发行机构是否为官方或由官方授权；在显示电子海图时，按 ECDIS 性能标准规定，如果不是官方的 ENC，则在显示器上会出现特定的警示信息。

官方 ENC 也需要定期更新，可以通过《航海通告》手动改正，也可以通过改正光盘或登录国际互联网改正。

（2）显示信息。驾驶员应了解电子海图系统的各项性能，掌握各传感器切换方法，充分发挥设备或仪器的功能优势，选取最佳的定位或导航方式。驾驶员应熟悉电子海图系统和航路资料，才能正确地评估显示信息是否正确，以引导船舶安全航行。

（3）ECDIS 设置。驾驶员应熟悉 ECDIS 的不同显示方式及其特点。在不同水域、不同时间或使用不同的船舶监控功能时选用合适的显示方式。

驾驶员应注意报警参数的正确输入和报警功能的合理使用。要熟练掌握初始参数设置、航线设计、航路监控、报警的设置与排除、电子海图的改正、安全水深的设置、各种相关数据的判断与处理等与航行安全密切相关的操作和信息。航线偏航报警设置或防搁浅报警设置，一般适用于港外航路，在进出港口时，航道的宽度有限，与定位精度、偏航报警阈值等不相称，所以要充分利用港内设置的各种导航标志。

驾驶员应正确解读报警信息。危险信息一般用红色表示，安全信息一般用黄色表示，航行监控时，如果系统还设置在浏览模式，那么系统会自动出现黄色的信息予以提醒。定位传感器故障等也会发出类似信息。

（4）系统设备保养。ECDIS 工作时间长，从开航前拟定航行计划开机，到抵达目的港关机，其往往要持续工作几天甚至几十天的时间。船舶可能跨越的空间大，从低温地区到高温地区，从干燥地区到潮湿地区，设备硬件要经受各种不同环境的考验。因此，驾驶台要保持合适的温度，要注意防尘、防潮。配备双套电子海图系统的船舶，要定期转换使用，使每台设备都得到休整。长时间不使用电子海图系统时，要定期通电除潮。驾驶员应定期对外部设备进行性能检测，及时掌握设备的运行情况以及可能存在的误差，保证传递的数据达到要求。为确保 ECDIS 功能的正常运行，驾驶员要定期自动或手动对 ECDIS 进行主要功能在船测试，包括传感器输入数据的完整性测试、航线监控功能的实现等，并根据操作手册进行 ECDIS 相关自检。驾驶员应正确使用备用装置。

（5）系统软件维护。系统的稳定运行离不开软件，软件出现故障可能降低系统性能，甚至导致系统崩溃。驾驶员要预防计算机病毒，使用经过系统供应商认可的正版杀毒软件定期杀毒。驾驶员要坚持导航手段多样化，通过其他手段检验和校核电子海图系统的观测结果，及时发现系统可能存在的问题和缺陷。

（6）驾驶台设备配置。驾驶员应注意 ECDIS 与船舶其他系统之间的匹配，尽量安装同一制造商的产品，有利于各系统之间的兼容，互不兼容的设备之间要通过信号转换装置来联通。

（7）电力供应。ECDIS 的电源通常会有直流 24 V 和交流 220 V 两种接口（插头），一般会与船舶电源插口相匹配，不至于连接错误。

常规电源：要根据船舶电源的稳定情况，选择适当的接口进行连接。

应急电源：应该在其他导航设备，特别是定位设备已经具备应急电源的前提下，在 ECDIS 上使用应急电源；否则，如果仅仅是给 ECDIS 准备了应急措施，也将因为没有航行监控的来源数据而无法正常工作。

二、ECDIS 备用装置

根据"IMO ECDIS 性能标准"的要求，船舶应提供适当的、独立于 ECDIS 的备用装置（back-up arrangement）（其性能可以低于 ECDIS，但能够进行基本的海图显示、航线设计、航线监控、航行记录、本船状态显示和所有的航行报警），以确保在 ECDIS 发生故障时能够利用备用装置继续保持安全航行，即一旦 ECDIS 失灵，船舶还有一套可以确保剩余航程航行安全的系统。

1. 《ECDIS 性能标准》附则 6 对 ECDIS 备用装置提出总体要求，列出了备用装置的必需功能，主要包括：

（1）能以海图形式显示海道测量和地理环境相关信息。

（2）能接管原先在 ECDIS 上的航线设计，并能手动或通过从航线设计设备传输来调整计划航线。

（3）能接管原先在 ECDIS 进行的航行监控；能自动或在海图上手动标绘本船船位和对应的船时；可在海图上显示计划航线，量取航向、距离和方位，标绘经纬度、方位位置线、距离位置线。

（4）如果备用装置为电子设备，则至少能显示 ECDIS 中的标准显示模式下的信息。

（5）整个航次的海图信息应该使用最新的官方版本，并改正到最新；应不能改变电子海图信息的内容；应显示海图或海图数据的版本和发布日期。

（6）如果备用装置为电子设备，当信息以比数据库中的比例更大的比例显示，或覆盖本船船位的海图比例尺大于系统提供的比例尺时，应能提供指示。

（7）雷达和其他航行信息的叠加应符合相关要求。

（8）应能记录船舶航迹，包括船位和相应船时。

（9）在主要环境条件和正常操作条件下，备用装置应能提供可靠的操作。

2. 对上述功能的解释和定义以及采用何种技术方案进行适当的备份，仍有待于各国海事主管机关进一步研究和明确。满足备份要求的选择方案有以下几种：

（1）另外一部使用独立电源和独立 GPS 位置传感器的 ECDIS。

（2）满足整个航次所需的改正到最新的最新版纸质海图。

（3）另外一部使用 RCDS 模式的 ECDIS。

（4）一部基于雷达的、符合 IMO "海图-雷达"性能标准的"海图-雷达"系统。

如何才能具备 ECDIS 的"足够有效"的备用装置，最终由各国海事局来决定。

实验一　系统的启动、运行与检查

一、实验目的

1. 了解 ECDIS 型式认可证书检查。
2. 掌握启动运行 ECDIS 系统和各种传感器的方法。
3. 学会 ECDIS 各种传感器的检查。
4. 学会判断系统是否可以代替纸质海图。
5. 掌握 ECDIS 界面、功能和布局。

二、实验内容

以 ECDIS 模拟器进行讲授，主要内容有：
1. ECDIS 型式认可证书的检查。
2. 在教师的指导下开启系统及各种传感器。
3. ECDIS 各种传感器的检查。
4. 学会如何判断 ECDIS 系统是否可以代替纸质海图。
5. 认识 ECDIS 界面、功能和布局。

三、实验前的准备

1. 教师准备好 ECDIS 型式认可证书。
2. 教师机：教师对教师机电源、设备、投影设备、电子海图系统运行进行检查。
3. 学生机：教师对学生机电源、设备、系统软件进行检查。

四、实验过程

1. ECDIS 型式认可证书检查。教师向学员提供 ECDIS 型式认可证书，可以是电子版、纸质版等形式。

学员实操：

（1）检查项目：认证机构、签发日期、证书有效期、证书编号以及认可标准。

（2）检查 ECDIS 和 ENC 使用标准的版本是否满足 IHO 的最新要求。

2. ECDIS 系统的启动运行。教师检查设备是否齐全、可用。接通电源，开机进行系统检查。教师按系统开机程序开启所有训练电脑，并把练习水域设置好，风流压差设置尽量小，开启学生机端所有应用软件。

3. ECDIS 各种传感器信号的检查。

（1）GPS 信号检查。

（2）AIS 信号检查。

（3）计程仪信号检查。

（4）测深仪信号检查。

（5）船首向信号检查。

4. 判断系统是否可以代替纸质海图。

（1）学生检查电子海图的历史船位与纸质海图是否一致。

（2）检查海图版本是否为最新版。

（3）检查海图是否改正到最新版。

（4）检查海图航线是否与电子海图一致。

（5）检查所有纸质海图数量、比例尺是否能安全使用到目的港。

5. ECDIS 界面、功能和布局的认识。

五、实验报告内容

把以下问题的答案写在实验报告纸上。

1. 本系统接入了哪些传感器？

2. 检查当前 ECDIS 使用的主位置源，说出它是来自哪个传感器。

3. 本系统使用的 SOG、COG、HDG、STW 分别来自哪些传感器？

4. 如果备用系统是纸质海图，请叙述对纸质海图有什么要求。

5. 查看本系统是否可以替代纸质海图，并说出理由。

实验二　ECDIS 的基本使用

一、实验目的

1. 掌握 ECDIS 系统显示基本设置。

2. 掌握 ECDIS 数据载入过程。

3. 掌握 ECDIS 海图信息的查询与显示。

4. 掌握 ECDIS 数据更新。

5. 掌握船员海图注记方法和注意事项。

二、实验内容

以 ECDIS 模拟器进行讲授，主要内容有：

1. ECDIS 系统显示基本设置。

2. 对 ECDIS 数据的载入。

3. 对 ECDIS 海图信息进行查询与显示。

4. 对 ECDIS 数据进行更新。

5. 利用船员注记管理功能向 ECDIS 系统添加船员符号、标注等。

三、实验前的准备

1. 教师按开机程序把学生机端 ECDIS 开启。

2. 教师准备航海通告，根据训练水域的航海通告投影出来，供学员进行改正。

3. 教师准备好训练练习航线。

4. 教师在每台学生机端准备好更新所需海图数据。

四、实验过程

1. ECDIS 系统显示基本设置。

（1）演示讲解光标、EBL、VRM 设置与使用。

光标的使用：在海图区移动光标，在状态栏显示当前光标处位置的经纬度、与本船的距离和真方位。电子方位线和活动距标圈的使用。

（2）认识不同种类的电子海图。操作 ECDIS 系统，分别显示不同电子海图，从这些不同种类的海图数据的显示特点、识图认识海图，并要熟悉光栅海图显示方式局限性。

（3）显示方式。操作 ECDIS 系统，演示该系统的 3 种显示方式。

（4）讲解同层次、类别数据的理解与显示、符号与经纬线显示控制。

（5）讲解雷达、AIS、罗经、测深、计程等设备信息的显示。

（6）操作 ECDIS 系统，演示本船与他船矢量设置。

（7）讲解不同矢量稳定显示模式。

（8）操作 ECDIS 系统，演示不同背景显示。

（9）操作 ECDIS 系统，分别设置水深、安全、浅水等深线，设置后海图根据设置相应变化。

（10）操作 ECDIS 系统，演示各种报警信息显示。

2. 操作 ECDIS 系统，演示如何进行 ECDIS 数据载入。

3. 操作 ECDIS 系统，演示讲解 ECDIS 海图信息的查询与显示。

4. 操作 ECDIS 系统，演示讲解 ECDIS 数据更新。

五、实验报告内容

把以下问题的答案写在实验报告纸上。

1. 请查看本系统是否有 ENC 以外的电子海图数据。

2. 调出海图 AU210140，并指出其出版年月及其制图比例尺。

3. 在 ECDIS 上设计航线，要参考哪些常用航海图书资料？

4. 请使用适当海图显示比例尺，查询并记录"成山角灯塔"的 SCA MIN。

5. 载入包含当前船位的最大比例尺海图，并说出其出版年月、改正号以及其原始比例尺。

6. 在当前船位附近手动添加一个危险沉船标志，并记录操作步骤。

7. 利用海图自动更新功能进行模拟更新并记录操作步骤。

8. 在当前船位附近手动添加一个安全水域标志，并记录操作步骤。

9. 在当前船位正东 0.5 n mile 处增加一个东方位标，并记录操作步骤。

10. 使用测量工具，测量长江口灯船东北方向的引航站到长江口灯船的距离与方位，同时记录操作步骤。

11. 在 BASE、STANDARD 和 ALL 显示级别间切换，观察哪几种模式下能完整显示水下危险物，并记录操作步骤。

12. 设置当前船舶运动矢量为 3 min，显示、查看本船和他船航行矢量，并记录操作步骤。

实验三　航线设计与航次计划

一、实验目的

1. 理解 ECDIS 上航线设计、航次计划的实现原理。
2. 学会在 ECDIS 上进行航线设计、安全参数设置与航次计划表的自动编制。
3. 掌握 ECDIS 航线设计基本要领和有效性检测。
4. 学会对航线、航次计划的安全性进行检查。

二、实验内容

对 ECDIS 模拟器进行讲授，主要内容有：
1. 检查本船实际船舶吃水和其他船舶参数。
2. 根据实际船舶吃水设置安全等深线。
3. 根据实际船舶吃水设计航线所经过水域水深是否安全。
4. 介绍 ECDIS 如何设计航线。
5. 利用 ECDIS 进行航线检测。
6. 人工检查航线是否安全、可行。
7. 调用计划航线并查看航次计划表。
8. 检查计划表各种参数是否可行。
9. 打印或预览航次计划表和航线转向点列表。

三、实验前的准备

1. 正常启动开启学生端 ECDIS。
2. 准备航次命令。
3. 准备航线及计划。
4. 在实验前讲解 ECDIS 航线设计的原理和操作。

四、实验过程

1. 操作 ECDIS 系统，演示讲解如何进行本船参数设置及安全参数设置。其中包括本船尺度、吃水、传感器天线位置，对服务器控制台的船舶模型进行设置。

2. 操作 ECDIS 系统，对本船安全等深线、安全水深进行设置。

3. 操作 ECDIS 系统，演示讲解如何对航线进行设计。

（1）航线设计模式与航行监控模式切换。在本系统中同一条航线可以同时进行编辑并进行监控。

（2）输入、添加、移动和删除转向点。

（3）设定安全偏航距离参数。

（4）航线的反向使用。

（5）航线查询、预览、打印。

（6）航线安全性检查。

4. 航次计划表。航次计划是指船舶从一个码头到另一个码头完整航行过程的计划。操作 ECDIS 系统，通过模拟器设计接近于真实情况下的航次计划表。演示讲解航次计划表的各个数据信息。

五、实验报告内容

把以下问题的答案写在实验报告纸上。

1. 设定本船安全水深（安全水域）和安全距离的操作步骤。

2. 设定本船 DCPA 为 1 n mile，TCPA 为 10 min，并记录操作步骤。

3. 查看本船的船长、船宽及吃水。

4. 从厦门港航道附近（24°24.675′N，118°06.236′E）前往新加坡附近（01°17.568′N，104°06.450′E）。

（1）设计一条航线，以考生姓名作为航线名保存航线。

（2）使用系统航线检测工具与人工检查相结合的方法，逐点进行安全检查，并适当调整航线上的各个转向点。

实验四　航行监控

一、实操目的

1. 理解航行监控在 ECDIS 中的实现原理。

2. 理解用于监控的航线与用于编辑的航线的区别。

3. 理解航行监控参数设置。

4. 为了保证船舶航行安全，但不干扰驾驶员正常值班，学会根据当时环境，合理设置报警参数。

5. 加深对报警的理解。

二、实验内容

以 ECDIS 模拟器进行讲授，主要内容有：

1. 根据实际船舶吃水设置最小安全水深及安全等深线。

2. 正确加载计划航线并设置基本船位监控功能。

3. 设置合理安全的监控范围。

4. 打开监控范围数据。

5. 根据加载的航线与航次计划实时地插入航行记录。

6. 理解各种报警。

三、实验前的准备

1. 正常启动开启学生端 ECDIS。

2. 航线准备。教师提前在每台学生端 ECDIS 设计好航线。

四、实验过程

1. 操作 ECDIS 系统，调入船舶航行航线。

2. 操作 ECDIS 系统，对船舶安全监控参数进行设置。

(1) 安全警报（safety alarms）。在该区域为航向中的本船提供一安全检测范围框，该区域主要由三部分组成：船首方向、本船左右舷。当各种设置的警报被触发时，系统将出现相应的警报。

(2) 预防搁浅警报（antigrounding alarm）。该功能中设计四种警报：航行危险、陆地危险、助航物警报、安全等深线。该功能必须在"safety frame"功能开启时才能生效。当所设置的安全边框区域穿越以上四种警报所在的区域时即出现警报。

(3) 安全阈值（safety parameters）。该区域中系统将提供手动检查海图最大比例尺功能和设置安全水深功能。

(4) 区域警报（area alert）。

3. 操作 ECDIS 系统，演示设定矢量时间。

4. 讲解查验坐标系、参考系统的修正并做适当处理。

5. 查看主次船位差。在"navigational alarms"菜单中，本套系统设计船位误差报警的设置方法。小方框中输入的数值为第一和第二种船位源之间的船位差，模拟练习中船位误差达到该值，则系统将出现报警提醒。

6. 报警的理解。

(1) 航行报警。在设置显示本船"safety frame"的前提下，选择"antigrounding a-larm"中的安全等深线，当船舶的"safety frame"穿越安全等深线时，系统即报警。在加载航线之后，可选择显示"XTD"。"XTD"为设计航线时设计的偏航值，当船舶偏离航线达到或超过设定的偏航距离时系统即报警。在设置并显示本船"safety frame"的前提下，船舶接近危险物、穿越特殊区域等时候，系统将会出现报警提醒。

(2) 船位报警。

(3) 系统报警。本系统设计了上面所述的多种报警功能，此外，当系统所连接的仪器设备出现故障时，系统亦会出现相应的报警。系统中共设计连接可用的仪器有 GPS、AIS、测深仪、计程仪等。当软件开启之后，若这些仪器未开启，或开启之后出现故障，都可以在软件终端体现出来，最直接的是在右边菜单栏报警栏中出现相应的报警，提醒培训人员检查并排除故障。

五、实验报告内容

把以下问题的答案写在实验报告纸上。

1. 调用系统中名字为"监控"的船舶航行航线，对其进行监控，并记录操作步骤。

2. 设置航向偏差 5°报警提醒驾驶员，到达转向点 2 min 提醒驾驶员，并记录操作步骤。

3. 航行监控范围设置为：向前 5 min，左右 0.1 n mile 的范围，并显示此监控范围，并记录操作步骤。

4. 设置船舶运动矢量为 6 min，并记录操作步骤。

5. 在监控下显示安全偏航距离线、转向点名字、航向以及航程，并记录操作步骤。

6. 开启检测危险物标、陆地物标、助航物的避碰报警，并记录操作步骤。

7. 设置走锚警报，船首圈 15 m，船尾圈 15 m，并记录操作步骤。

8. 在位置传感器设置中修正本船船位，修正值为 (0.01 N，0.02 W)，并记录操作步骤。

9. 显示本船 4 h 前的航迹，航迹点间隔设置为 1 min，并记录操作步骤。

10. 设置分道通航区域报警，并记录操作步骤。

实验五 航海日志

一、实操目的

1. 理解 ECDIS 中航海日志的实现原理。
2. 学会记录各种航海事件。
3. 掌握在航海日志中查看实时记录和历史记录的操作。
4. 掌握查询历史时段的航行状态的操作。

二、实验内容

以 ECDIS 模拟器进行讲授，主要内容有：
1. 自动记录、人工插入航海事件。
2. 查询历史时段的航行记录。
3. 显示当前或历史时段的航迹。
4. 航行记录功能的使用方法。

三、实验前的准备

1. 正常启动学生端 ECDIS。
2. 航海日志准备。教师提前在每台学生端 ECDIS 设计好航海日志。

四、实验过程

1. 设定自动记录时间间隔。
（1）船舶日志系统自动每小时记录一次船位事件，不能进行手动更改。
（2）船舶航迹每秒记录一次船位，不能进行手动更改。
（3）按需即时插入记录。

鼠标左键单击 Log Book ，进入船舶日志面板。鼠标左键单击 Create Event 右边的 ▼ 下拉按钮，选择要创建的事件类型，选择后便自动插入记录。

（4）添加备注。
2. 查看航行记录。
（1）重现航迹。

本船航迹：打开 Monitoring 航行监控面板，对历史航迹进行设置。

航迹点时间间隔：鼠标左键单击 1min 下拉列表，选择航迹点绘制时间间隔。本船航迹时间设置：设置显示本船的历史航迹，最长 24 h。

按日期查看本船航迹：鼠标左键单击 Current 下拉列表，选择某天的航迹。鼠标左键单击 Focus on Track ，本船航迹全屏显示。

目标船航迹：

打开　Targets　面板，鼠标左键单击 ShowTargets 下的 Track 按钮，控制是否显示目标船航迹。

五、实验报告内容

把以下问题的答案写在实验报告纸上。

1. 系统自动航迹记录的时间间隔不能超过几小时，并设置为 2 h，并记录操作步骤。

2. 某船经东 9 区航行到东 10 区，请据此设置 ECDIS 的时间，把系统的时间切换为船时，并记录操作步骤。

3. 请在当前时间与当前位置，在航海日志中插入一条"Report point"的记录，并在备注中添加"call vts on ch68 for further information"，并记录操作步骤。

4. 请重现过去 12 h 的历史航迹，航迹点间隔设置为 1 min，显示航迹点对应的时间，并记录操作步骤。

5. 打印某天航行记录内容，并记录操作步骤。

实验六　过分依赖电子海图的风险

一、实操目的

1. 理解过分依赖电子海图的风险。
2. 掌握各传感器故障的风险。
3. 掌握后备系统存在的风险。
4. 学会合理设置报警或警告。
5. 掌握 ECDIS 故障的处理程序。

二、实验内容

以 ECDIS 模拟器进行讲授，主要内容有：
1. 检验海图数据。
2. 确认检查常见失误的操作。
3. 各种传感器的检查。
4. ECDIS 故障的处理。

三、实验前的准备

本实验需要全面熟悉培训 ECDIS 模拟器后才能完成。

四、实验过程

1. 海图数据的检验。船用电子海图数据必须是官方的具有权威的、法律性的数据，海图数据必须是最新版本，但由于制图过程可能有误差，在实船上必须认真检查海图信息。

（1）ECDIS 显示数据完整性检查。

（2）海图数据测量精度检查。

（3）海图版本检查。

（4）海图更新情况检查。

（5）海图数据配备检查。

2. 确认常见失误的操作。

（1）航线设计阶段，是否合理设置安全水深。

（2）设置了安全检测范围，是否把报警开启。

（3）设置的报警值是否合理。

（4）本船位置源设置是否合理。

（5）对海图更新情况进行检查。

3. 各种传感器的检查。

（1）罗经信号的检查。

（2）计程仪信号的检查。

（3）测深仪信号的检查。

（4）雷达信号的检查。

（5）GPS 信号的检查。

4. ECDIS 故障的处理。

（1）如果只有一套系统出现故障，则切换到第二套系统，并通知排查故障。

（2）如果船舶停电，系统转换到应急电源。

（3）如果切换到后备系统，设置合理安全值。

（4）检查备份设备的位置源工作是否正常。

（5）确保各传感器信号正常。

五、实验报告内容

把以下问题的答案写在实验报告纸上。

1. 检查本船的位置是否有修正，并简述在哪些条件下要修正本船的位置。

2. 结合 ECDIS 模拟器系统，说明位置 GPS 传感器出现故障或误差时怎么识别。

3. 指出航行监控和航线检测功能可能存在的安全问题。

4. 在进行航行监控时，电子海图上显示本船明显偏离计划航线，而系统没有报警，你如何处理？

参考文献
REFERENCES

关政军，2009. 航海仪器（上册：船舶导航设备）［M］. 大连：大连海事大学出版社．

刘彤，2013. 航海仪器（下册：船舶导航雷达）［M］. 大连：大连海事大学出版社．

陈宏扬，1993. 船舶通信［M］. 北京：人民交通出版社．

李振华，1998. 船舶信号与 VHF 通信［M］. 大连：大连海事大学出版社．

孙文强，成川，杨林家，等，2005. 雷达观测与标绘［M］. 大连：大连海事大学出版社．

杨神化，周建文，2013.ECDIS 基础理论与实训［M］. 北京：人民交通出版社．

吴兆麟，赵月林，2014. 船舶避碰与值班［M］.4 版．大连：大连海事大学出版社．

褚善东，李永广，2014. 电子海图显示与信息系统［M］. 大连：大连海事大学出版社．

中国海事服务中心，2012. 海船船员适任证书知识更新［M］. 北京：人民交通出版社．

中国海事服务中心，2017.ECDIS 模拟器［M］. 大连：大连海事大学出版社．

图书在版编目（CIP）数据

航海仪器实验 / 任玉清，吕世勇主编 . —北京：
中国农业出版社，2020.8
ISBN 978 - 7 - 109 - 26538 - 7

Ⅰ.①航… Ⅱ.①任… ②吕… Ⅲ.①航海仪器—实
验—教材 Ⅳ.①U666.15 - 33

中国版本图书馆 CIP 数据核字（2020）第 012432 号

本教材由大连海洋大学与中远海运客运有限公司联合编写

中国农业出版社出版
地址：北京市朝阳区麦子店街 18 号楼
邮编：100125
责任编辑：王金环 郑 珂 文字编辑：刘金华
版式设计：王 晨 责任校对：赵 硕
印刷：北京大汉方圆数字文化传媒有限公司
版次：2020 年 8 月第 1 版
印次：2020 年 8 月北京第 1 次印刷
发行：新华书店北京发行所
开本：787mm×1 092mm 1/16
印张：13.75
字数：380 千字
定价：58.00 元